中等职业教育土木水利类专业"互联网＋"数字化创新教材

中等职业教育"十四五"推荐教材

土木工程应用数学

张春侠　李锦毅　主　编

尚　敏　张玉威　副主编

贺海宏　主　审

中国建筑工业出版社

图书在版编目（CIP）数据

土木工程应用数学/张春侠，李锦毅主编. —北京：
中国建筑工业出版社，2021.9
中等职业教育土木水利类专业"互联网＋"数字化创
新教材　中等职业教育"十四五"推荐教材
ISBN 978-7-112-26442-1

Ⅰ. ①土… Ⅱ. ①张… ②李… Ⅲ. ①土木工程-工
程数学-中等专业学校-教材　Ⅳ.①TU12

中国版本图书馆 CIP 数据核字（2021）第 159533 号

本教材为中等职业教育土木水利类专业"互联网＋"数字化创新教材，中
等职业教育"十四五"推荐教材，分为基础模块和专业模块，基础模块包括：
解方程与方程组、解不等式、计算器的应用、数学的运算；专业模块包括平面
直角坐标系、线面的关系、三视图和直观图、常用量纲及单位换算、比例的计
算与应用、三角函数及坡度、面积的计算、体积的计算。

本教材主要作为建筑工程施工、工程测量、工程造价、建筑装饰、市政工
程、建筑设备、机电安装与维修、道路与桥梁工程施工等土木建筑类专业教
材，也可作为相关专业技术人员参考用书。

为便于教学和提高学习效果，本书作者制作了教学课件，索取方式为：
1. 邮箱 jckj@cabp.com.cn；2. 电话：（010）58337285；3. 建工书院 http://
edu.cabplink.com；4. 交流 QQ 群 796494830。

责任编辑：刘平平　李　阳
责任校对：芦欣甜

中等职业教育土木水利类专业"互联网＋"数字化创新教材
中等职业教育"十四五"推荐教材
土木工程应用数学
张春侠 李锦毅　主　编
尚　敏　张玉威　副主编
贺海宏　主　审

*

中国建筑工业出版社出版、发行（北京海淀三里河路 9 号）
各地新华书店、建筑书店经销
霸州市顺浩图文科技发展有限公司制版
天津安泰印刷有限公司印刷

*

开本：787 毫米×1092 毫米　1/16　印张：12½　字数：234 千字
2021 年 9 月第一版　　2021 年 9 月第一次印刷
定价：**39.00** 元（含工作任务单，赠教师课件）
ISBN 978-7-112-26442-1
（37896）

前　言

　　建筑业是我国国民经济的支柱产业之一。随着全国城市建设进程的加快、基础设施建设的加强，急需大量具备一定专业技能的建设者，为中等职业教育土木建筑类专业的发展提供了更多的机遇。本教材是中等职业学校土木建筑类公共基础课程教材，适合的专业有建筑工程施工、工程测量、工程造价、建筑装饰、市政工程、建筑设备、机电安装与维修、道路与桥梁工程施工等土木建筑类专业。本书结合专业特点，将各土木类专业课程要求与数学有机融合，贴近学生实际和生活体验，精简内容、降低难度、强化练习，注重理论与实践相结合。

　　当前的职业教学课程改革中，强调实践性教学，突出"做中教，做中学"的职业教育教学特色，注重体现课程思政，注重培养学生精益求精、不怕吃苦的劳动精神，树立质量意识和经济意识，注重综合素质的提高，为后续专业课程奠定基础。本教材的编写积累了较成熟的教学经验与教学资料，将工程案例贯穿至各数学知识点中，构建一个专业基础课程与建筑行业管理岗位能力培养的实践性教学平台，服务于培养高素质技能型人才的目标。

　　为了实现数学课程和专业课的有效对接，凸显数学课为专业服务的理念，我们在满足国家教学标准的同时结合专业课需求进行改革的探索，构建数学模块化教学体系。我们以数学课程服务专业课程为落脚点，提炼中职各建筑类专业每门专业课对数学知识的需求，加以综合归纳，将教学内容进行模块化整合，设计满足专业课需求的数学模块化教学体系，在满足国家数学教学标准的同时构建数学模块化架构，实现数学课与专业课的精准对接，形成本教材，确保内容具有普适性、科学性、可操作性。

　　结合工程实际应用，采用项目教学法思路编写，并且采用活页式工作任务单，"以项目为主线、以教师为引导、以学生为主体"，改变了以往"教师讲，学生听"的被动教学模式，创造了学生主动参与、自主协作、探索创新的新型教学模式。《土木工程应用数学》为土木建筑类各专业的数学教学提供了教学参考和教学设计。以学习项目形式分配教学模块，主要包括了：解方程与方程组、解不等式、计算器的应用、数学的运算、平面直角坐标系、线面的关系、三视图和直观图、常用量纲及单位换算、比例的计算与应用、三角函数及坡度、面积的计算和体积的计算等十一个具体针对土木建筑类专业课程典型任务的学习项目。每个学习项目下设置若干子任务，进行独立知识点的教学和学习。

本教材项目5、6、7与1+X建筑识图证书结合，课证融通，理论联系实践，为取证服务，情境与讲授相贯穿，旨在更好激发学生对建筑课程的学习兴趣。学生在任务驱动的情境下，更好地理解各模块知识点间既相互独立又彼此关联的关系，对本课程内容有更深刻的理解。

本书中的理论知识围绕完成项目内容展开。在书中相关知识点处配置了二维码数字资源，主要为视频、图片、文档等生动、立体的拓展内容，可以扫描二维码免费获取，方便学生学习和理解。

本书由张春侠、李锦毅担任主编，尚敏、张玉威任副主编，参加编写的还有高晓旋、郝哲、张慧玲、刘泽玲、王晓凤、胡敬惠、苗红英、张淑敏等专业课和数学课教师。本书由正高级讲师贺海宏担任主审。石家庄国瑞房地产开发有限公司常建军高工参与了专业结合案例的审核。值此书出版之际，特向关心、支持本书的领导、企业专家、编审与参考文献的编著者表示衷心的感谢！

编写过程中，虽经推敲核正，但限于编者的专业水平和实践经验，仍难免有不妥或疏漏之处，恳请各位同行、专家和广大读者批评指正。

目　录

一、基础模块

项目 1　解方程与方程组

【典型工作任务】

配制 1m^3 混凝土拌合物，单方用水量为 185kg，水灰比为 0.5，请确定配 1m^3 混凝土拌合物所用水泥的质量（单方用水泥量）。设单方用水泥量为 x，则：

$185 \div x = 0.5$　　解方程可得

任务 1.1　解一元一次方程

1.1.1　认识一元一次方程

一元一次方程
一元二次方程

方程是应用广泛的数学工具，它把问题中未知数与已知数的联系用等式的形式表示出来，我们把含有未知数的等式叫方程。使方程左右两边相等的未知数的值叫作方程的解。求方程的解的过程叫作解方程。

等式的性质

性质 1　等式两边加（或减）同一个数（或式子），结果仍相等。

即如果 $a = b$，　那么 $a \pm c = b \pm c$

性质 2　等式两边乘同一个数，或除以同一个不为零的数，结果仍相等。

即如果 $a = b$，　那么 $a \cdot c = b \cdot c$ 或 $\dfrac{a}{c} = \dfrac{b}{c}$ $(c \neq 0)$

【例 1-1】　利用等式的性质解下列方程

(1) $x - 5 = 10$　　(2) $3x = 60$　　(3) $3x - 5 = 10$　　(4) $185 \div x = 0.5$

【解】　(1) 两边同时加 5，得

$$x - 5 + 5 = 10 + 5$$

于是

$$x = 15$$

（2）两边同时除以 3，得

$$\frac{3x}{3} = \frac{60}{3}$$

于是

$$x = 20$$

（3）两边同时加 5，得

$$3x - 5 + 5 = 10 + 5$$

化简得

$$3x = 15$$

两边同时除以 3，得

$$x = 5$$

（4）两边同时乘以 x，得

$$185 = 0.5x$$

两边同时除以 0.5，得

$$x = 370$$

或者用除法运算特点，得：

$$185 \div 0.5 = x$$
$$x = 370$$

1.1.2 解一元一次方程

方程中含有一个未知数（元），未知数的最高次数是 1，这样的方程叫作一元一次方程。我们将 $ax + b = 0$（其中 x 是未知数，a、b 是已知数，并且 $a \neq 0$）叫一元一次方程的标准形式。

解一元一次方程的基本步骤：

（1）去分母。方程两边同时乘各分母的最小公倍数。

（2）去括号。一般先去小括号，再去中括号，最后去大括号。

（3）移项。把方程中含有未知数的项移到方程的另一边，其余各项移到方程的另一边，移项时要变号。

（4）合并同类项。将原方程化为 $ax = b$（$a \neq 0$）的形式。

（5）系数化一。方程两边同时除以未知数的系数。

（6）得出方程的解。

【例 1-2】 解方程 $5x - x + 1.5x - 3.5x = 2 \times 8 - 11 \times 6$

【解】 合并同类项，得

$$2x = -50$$

系数化为 1，得

$$x = -25$$

【例 1-3】 解方程 $4x - 4 = 32 - 2x$

【解】 移项，得

$$4x + 2x = 32 + 4$$

合并同类项，得

$$6x = 36$$

系数化为 1，得

$$x = 6$$

【例 1-4】 解方程 $3x - 7(x-1) = 3 - 2(x+3)$

【解】 去括号，得

$$3x - 7x + 7 = 3 - 2x - 6$$

移项，得

$$3x - 7x + 2x = 3 - 6 - 7$$

合并同类项，得

$$-2x = -10$$

系数化为 1，得

$$x = 5$$

【例 1-5】 解方程 $2x + \dfrac{x+1}{5} = 2 - \dfrac{x-1}{2}$

【解】 去分母（方程两边同乘以 10），得

$$20x + 2(x+1) = 20 - 5(x-1)$$

去括号，得

$$20x + 2x + 2 = 20 - 5x + 5$$

移项，得

$$27x = 23$$

系数化为 1，得

$$x = \dfrac{23}{27}$$

任务 1.2 解一元二次方程

【典型工作任务】

一块场地，准备新建一栋平面形式简单的办公楼，要求长比宽大 20m，面积达到 2000m²，试确定它的长度。

$$x(x-20)=2000$$

1.2.1 认识一元二次方程

方程中只含有一个未知数（元），未知数的最高次数是 2（二次），等号两边都是整式的方程，叫作一元二次方程。

一元二次方程的一般形式是

$$ax^2+bx+c=0(a\neq0)$$

其中 ax^2 是二次项，a 是二次项系数；bx 是一次项，b 是一次项系数；c 是常数项。使方程左右两边相等的未知数的值就是这个一元二次方程的解。

一元二次方程的解也叫作一元二次方程的根。

【例 1-6】 将方程 $3x(x-1)=5(x+2)$ 化成一元二次方程的一般形式，并写出其中的二次项系数、一次项系数和常数项。

【解】 去括号，得

$$3x^2-3x=5x+10$$

移项，合并同类项，得一元二次方程的一般形式

$$3x^2-8x-10=0$$

其中二次项系数为 3，一次项系数为 -8，常数项为 -10。

1.2.2 解一元二次方程

解一元二次方程的常用方法有配方法、公式法、因式分解法。

1. 配方法

配方法是解一元二次方程的一种方法。配方法就是将一元二次方程由一般

式 $ax^2+bx+c=0$ 化成 $(x+n)^2=p$，然后利用直接开平方法计算一元二次方程的解的过程；其过程可总结为五步：一移，二消，三配，四开，五计算结果。

【例 1-7】　解方程 $2x^2+12x+8=0$

【解】　移项，得

$$2x^2+12x=-8$$

二次项系数化为 1，得

$$x^2+6x=-4$$

配方，得

$$x^2+6x+9=-4+9$$

由此可得

$$(x+3)^2=5$$

于是，方程的两个根为

$$x_1=-3+\sqrt{5}，x_2=-3-\sqrt{5}$$

一般地，如果一个一元二次方程通过配方转化成 $(x+n)^2=p$ 的形式，那么就有：

(1) 当 $p>0$ 时，方程有两个不等的实数根 $x_1=-\sqrt{P}-n$，　　$x_2=+\sqrt{P}-n$

(2) 当 $p=0$ 时，方程 $(x+n)^2=p$ 有两个相等的实数根 $x_1=x_2=-n$

(3) 当 $p<0$ 时，因为对任意实数 x，都有 $(x+n)^2\geqslant0$，所以方程无实数根

2. 公式法

公式法是解一元二次方程的另外一种方法。

一般地，式子 b^2-4ac 叫作一元二次方程 $ax^2+bx+c=0(a\neq0)$ 根的判别式，通常用希腊字母 Δ 表示它，即 $\Delta=b^2-4ac$。

① 当 $\Delta>0$ 时，方程 $ax^2+bx+c=0(a\neq0)$，有两个不等的实数根；

② $\Delta=0$ 时，方程 $ax^2+bx+c=0(a\neq0)$，有两个相等的实数根；

③ 当 $\Delta<0$ 时，方程 $ax^2+bx+c=0(a\neq0)$ 无实数根。

当 $\Delta\geqslant0$ 时，方程 $ax^2+bx+c=0(a\neq0)$ 的实数根可写为

$x=\dfrac{-b\pm\sqrt{b^2-4ac}}{2a}$ 的形式，这个式子叫作一元二次方程 $ax^2+bx+c=0$ $(a\neq0)$ 的**求根公式**。求根公式表达了用配方法解一般的一元二次方程 $ax^2+bx+c=0(a\neq0)$ 的结果，解一个具体的一元二次方程时，把各系数直接代入

求根公式，可以避免配方过程而直接得出根，这种解一元二次方程的方法叫作公式法。

【例 1-8】　用公式法解下列方程：

$$x^2-4x-7=5$$

【解】　将原方程化为一般形式，得

$x^2-4x-12=0$

$\because a=1,\ b=-4,\ c=-8$

$\therefore b^2-4ac=16+48=64>0$

$$\therefore x=\frac{-b\pm\sqrt{b^2-4ac}}{2a}=\frac{4\pm\sqrt{64}}{2\times1}=\frac{4\pm8}{2\times1}$$

$\therefore x_1=6\quad x_2=-2$

3. 因式分解法

【例 1-9】　$10x-4.9x^2=0$　　①

【解】　方程因式分解，得

$x(10-4.9x)=0$　　②

所以 $x=0$，或 $10-4.9x=0$

所以，方程①的两个根是

$x_1=0,\ x_2=\dfrac{100}{49}$

可以发现，上述解法中，由①到②的过程，先因式分解，使方程化为两个一次式的乘积等于 0 的形式，再使这两个一次式分别等于 0，从而实现降次，这种解一元二次方程的方法叫作因式分解法。

【例 1-10】　解下列方程

$$x(x-2)+x-2=0$$

【解】　因式分解，得

$$(x-2)(x+1)=0$$

于是得

$$x_1=2,x_2=-1$$

配方法要先配方，再降次，通过配方法可以推出求根公式，公式法直接利用求根公式解方程；因式分解法要先将方程一边化为两个一次因式相乘，另一边为 0，再分别使各一次因式等于 0，配方法、公式法适用于所有一元二次方程，因式分解法在解某些一元二次方程时比较简便，总之，解一元二次方程的基本思路是：将二次方程化为一次方程，即降次。

4. 一元二次方程根与系数的关系

方程 $ax^2+bx+c=0(a\neq 0)$ 的求根公式 $x=\dfrac{-b\pm\sqrt{b^2-4ac}}{2a}$ 不仅表示可以由方程的系数 a，b，c 决定根的值，而且还反映了根与系数之间的联系。

因此，方程的两个根 x_1，x_2 和系数 a，b，c 有如下关系：

$$x_1+x_2=\frac{-b+\sqrt{b^2-4ac}}{2a}+\frac{-b-\sqrt{b^2-4ac}}{2a}=-\frac{b}{a}$$

$$x_1x_2=\frac{-b+\sqrt{b^2-4ac}}{2a}\times\frac{-b-\sqrt{b^2-4ac}}{2a}=\frac{c}{a}$$

这表明任何一个一元二次方程根与系数的关系为：两个根的和等于一次项系数与二次项系数的比的相反数，两个根的积等于常数项与二次项系数的比。

【例 1-11】　根据一元二次方程根与系数的关系，求下列方程两个根的和与积：

(1) $3x^2-6x-15=0$

(2) $2x^2+4x-9=0$

【解】　(1) $x_1+x_2=-\dfrac{-6}{3}=2$，$x_1x_2=\dfrac{-15}{3}=-5$

(2) $x_1+x_2=-\dfrac{4}{2}=-2$，$x_1x_2=\dfrac{-9}{2}=-\dfrac{9}{2}$

任务 1.3　解二元一次方程组

二元一次方程组

【典型工作任务】

　　配制 $1m^3$ 混凝土拌合物，单方用水量为 185kg，单方用水泥量为 370kg，拌合物湿表观密度为 2400kg/m^3，砂率为 35%，试确定配 $1m^3$ 混凝土拌合物所用材料的质量（单方用砂量、单方用石量，得数取整数）。

设单方用砂量为 x，单方用石子量为 y，则

$$\begin{cases}370+185+x+y=2400\\ x/(x+y)=35\%\end{cases}$$

1.3.1 认识二元一次方程组

上面两个方程中，每个方程都含有两个未知数（x 和 y），并且含有未知数的项的次数都是1，像这样的方程组叫作**二元一次方程组**。

一般地，二元一次方程组中两个方程的公共解，叫作二元一次方程组的解。求二元一次方程组的解的过程叫**解二元一次方程组**。

1.3.2 解二元一次方程组

我们知道，二元一次方程组中有两个未知数，如果消去其中一个未知数，那么就把二元一次方程组转化为我们熟悉的一元一次方程。我们可以先求出一个未知数，然后再求另一个未知数，将未知数的个数由多化少、逐一解决，叫作消元。

二元一次方程组解法有两种：①代入消元法；②加减消元法。

1.3.3 代入消元法

把二元一次方程组中一个方程的一个未知数用含另一个未知数的式子表示出来，再代入另一个方程，实现消元，进而求得这个二元一次方程组的解。这种方法叫作代入消元法，简称代入法。

【例1-12】 用代入法解方程组

$$\begin{cases} y=x+3 & ① \\ 7x+5y=9 & ② \end{cases}$$

【解】 把①代入②，得

$$7x+5(x+3)=9$$

解这个方程，得

$$x=\frac{1}{2}$$

把 $x=\frac{1}{2}$ 代入①，得

$$y=\frac{7}{2}$$

所以这个方程组的解是

$$\begin{cases} x = \dfrac{1}{2} \\ y = \dfrac{7}{2} \end{cases}$$

【例 1-13】 用代入法解方程组

$$\begin{cases} 370+185+x+y=2400 & ① \\ x/(x+y)=35\% & ② \end{cases}$$

【解】 把①变形，得：

$$x+y=2400-370-185=1845 \quad ③$$

代入②，得

$$x=1845\times35\%=646$$

代入③，得

$$y=1199$$

【例 1-14】 某起重机吊装构件时，最大吊装重量为 100kN，斜向钢丝绳与竖向的夹角为 45°，如图 1-1 所示，斜向钢丝绳能承受的力是多少？

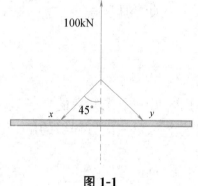

100kN

图 1-1

【解】 列方程得：

$$\begin{cases} y\sin45°-x\sin45°=0 & ① \\ 100-x\cos45°-y\cos45°=0 & ② \end{cases}$$

由①得：$x=y$

代入②得：$x=y=\dfrac{100}{2\cos45°}=70.7\text{kN}$

1.3.4 加减消元法

当二元一次方程组的两个方程中同一未知数的系数相反或相等时，把这两个方程的两边分别相加或相减，就能消去这个未知数，得到一个一元一次方程。这种方法叫作加减消元法，简称加减法。

【例 1-15】 用加减法解方程组

$$\begin{cases} 3x+2y=16 & ① \\ 5x-3y=33 & ② \end{cases}$$

【解】 ①×3，得

$$9x+6y=48 \quad ③$$

②×2，得

$$10x-6y=66 \qquad ④$$

③+④得

$$19x=114$$
$$x=6$$

把 $x=6$ 代入①，得

$$3×6+2y=16$$
$$2y=-2$$
$$y=-1$$

所以这个方程组的解是

$$\begin{cases} x=6 \\ y=-1 \end{cases}$$

代入消元法和加减消元法是二元一次方程组的两种解法，它们都是通过消元使方程组转化为一元一次方程，只是消元的方法不同，我们应根据方程组的具体情况，选择适合它的解法。

项目 2　解 不 等 式

不等式

【典型工作任务】

【1】

无缝线路钢轨应有足够的承载力，以保证在动弯应力、温度应力及其他附加应力共同作用下不被破坏，仍能正常工作。此时，要求钢轨所承受的各种应力之和不超过规定的容许值 $[\sigma_s]$。如果一段钢轨承受的最大动弯应力为 25MPa，钢轨容许应力为 46MPa，那么钢轨的温度应力最大为（　　）。

【2】

某土方工程回填施工，现场采用环刀法取样，测得回填土的实际干密度 $\rho_d = 1.6 \text{g/cm}^3$，实验室测得该填土的最大干密度 $\rho_{\text{dmax}} = 1.8 \text{g/cm}^3$ 设计要求的压实系数 $[\lambda] = 0.92$，试确定该填土是否符合压实质量标准。

【3】

某轻型井点采用环状布置，井点管埋设面距基坑底的垂直距离为 4m，井点管至基坑中心线的水平距离为 10m，则井点管的埋设深度（不包括滤管长）至少应为多少？

以上工程实例都涉及了解不等式问题，什么是不等式，利用不等式如何解决工程的实际问题？我们本项目来进行学习。通俗地说，用符号"$<$""$>$"或"$\neq$"表示大、小、不等关系的式子，叫作不等式。不等式具有传递性、加法性质、乘法性质，利用不等式的性质可以解决一元一次不等式和一元一次不等式组。

任务 2.1　不等式的性质

2.1.1　不等式

不等式性质

$$\frac{50}{x} < \frac{2}{3} \qquad ①$$

$\dfrac{2}{3}x > 50$ ②

$a+2 \neq a-2$ ③

像①、②、③这样用符号"<"、">"或"≠"表示大、小、不等关系的式子，叫作不等式。

2.1.2 不等式的性质

对于两个任意的实数 a 和 b，有：

$$a-b > 0 \Leftrightarrow a > b$$
$$a-b = 0 \Leftrightarrow a = b$$
$$a-b < 0 \Leftrightarrow a < b$$

因此，比较两个实数的大小，只需要考察它们的差即可.

【例 2-1】 比较 $\dfrac{2}{3}$ 与 $\dfrac{5}{8}$ 的大小。

【解】 $\dfrac{2}{3} - \dfrac{5}{8} = \dfrac{16-15}{24} = \dfrac{1}{24} > 0$，因此，$\dfrac{2}{3} > \dfrac{5}{8}$

【例 2-2】 当 $a > b > 0$ 时，比较 $a^2 b$ 与 ab^2 的大小。

【解】 因为 $a > b > 0$，所以 $ab > 0$，$a-b > 0$，故 $a^2 b - ab^2 = ab(a-b) > 0$，

因此 $a^2 b > ab^2$。

性质 1 如果 $a > b$，且 $b > c$，那么 $a > c$。

证明 $a > b \Rightarrow a-b > 0$，$b > c \Rightarrow b-c > 0$，

于是 $a-c = (a-b) + (b-c) > 0$，

因此 $a > c$

性质 1 叫做不等式的传递性。

性质 2 不等式两边同时加上（或减去）同一个数，不等号的方向不变。

即如果 $a > b$，那么 $a \pm c > b \pm c$

性质 2 叫做不等式的加法性质。

利用性质 2，可以由 $a \pm b > c$ 得到 $a > c \mp b$. 这表明对不等式可以移项。

性质 3 不等式两边同时乘（或除以）同一个正数，不等号的方向不变；不等式两边同时乘（或除以）同一个负数，不等号方向改变。

即如果 $a > b$，$c > 0$，那么 $ac > bc$；如果 $a > b$，$c < 0$，那么 $ac < bc$

性质 3 叫做不等式的乘法性质。

【例 2-3】 用符号"＞"或"＜"填空，并说出应用了不等式的哪条性质。

(1) 设 $a > b$，$a - 3$ _____ $b - 3$；

(2) 设 $a > b$，$6a$ _____ $6b$；

(3) 设 $a < b$，$-4a$ _____ $-4b$；

(4) 设 $a < b$，$5 - 2a$ _____ $5 - 2b$。

【解】 (1) $a - 3$ ＞ $b - 3$ 应用了不等式的性质 2；

      (2) $6a$ ＞ $6b$ 应用了不等式的性质 3；

      (3) $-4a$ ＞ $-4b$ 应用了不等式的性质 3；

      (4) $5 - 2a$ ＞ $5 - 2b$ 先后应用了不等式的性质 3 和性质 2。

【例 2-4】 已知 $a > b > 0$，$c > d > 0$，求证 $ac > bd$。

证明：因为 $a > b$，$c > 0$，由不等式的性质 3 知，$ac > bc$，

同理由于 $c > d$，$b > 0$，故 $bc > bd$。

因此，由不等式的性质 1 知 $ac > bd$。

【例 2-5】 根据不等式的性质，将不等式化成 $x < a$ 或 $x > a$ 的形式。

        (1) $6x < 5x - 1$ (2) $1 - 2x < 5$

【解】 (1) $\because 6x < 5x - 1$

      $\therefore 6x - 5x < 1$

      $\therefore x < 1$

      (2) $\because 1 - 2x < 5$

      $\therefore -2x < 5 - 1$

      $\therefore -2x < 4$

      $\therefore -2x\left(-\dfrac{1}{2}\right) > 4 \times \left(-\dfrac{1}{2}\right)$

      $\therefore x > -2$

任务 2.2 一元一次不等式

观察下面的不等式

$$x + 5 > 26, \quad 5x < 3x + 1$$

可以发现，上述每个不等式都只含有一个未知数，并且未知数的次数是 1，类似于一元一次方程，含有一个未知数，未知数的次数是 1 的不等式，叫作一元一次不等式。

一般地，一元一次不等式的所有的解，组成这个不等式的解集。求不等式的解集的过程叫作解不等式。

解不等式可以"移项"，即把不等式一边的某项变号后移到另一边，而不改变不等号的方向，一般地，利用不等式的性质，采取与解一元一次方程相类似的步骤，就可以求出一元一次不等式的解集。

【例2-6】　解下列不等式，并在数轴上表示解集。

$$2(x-1)<-6$$

【解】　去括号，得　$2x-2<-6$

移项，得　　　$2x<-6+2$

合并同类项，得　$2x<-4$

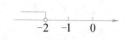

系数化为1，得　$x<-2$

图2-1

这个不等式的解集在数轴上的表示如图2-1所示。

【例2-7】　无缝线路钢轨应有足够的承载力，以保证在动弯应力、温度应力及其他附加应力共同作用下不被破坏，仍能正常工作。此时，要求钢轨所承受的各种应力之和不超过规定的容许值 $[\sigma_s]$。如果一段钢轨承受的最大动弯应力为 25MPa，钢轨容许应力为 46MPa，那么钢轨的温度应力最大为（　　）。

注：要求钢轨所承受的各种应力之和不超过规定的容许值，即：

$$\sigma_d+\sigma_t+\sigma_c\leqslant[\sigma_s]$$

式中　σ_d——钢轨承受的最大动弯应力（MPa）；

　　　σ_t——温度应力（MPa）；

　　　σ_c——钢轨承受的制动应力，一般按 10MPa 计算；

　　　$[\sigma_s]$——钢轨容许应力（MPa）。

【解】　根据题意可知 σ_d 为 25MPa，σ_c 为 10MPa，$[\sigma_s]$ 为 46MPa

把以上已知数代入公式，可得：

$$25+\sigma_t+10\leqslant46$$

因此，$\sigma_t\leqslant46-25-10$

计算，可得 $\sigma_t\leqslant11$MPa

故，钢轨的温度应力最大为 11MPa。

【例2-8】　某土方工程回填施工，现场采用环刀法取样，测得回填土的实际干密度 $\rho_d=1.6\mathrm{g/cm^3}$，实验室测得该填土的最大干密度 $\rho_{dmax}=1.8\mathrm{g/cm^3}$ 设计要求的压实系数 $[\lambda]=0.92$，试确定该填土是否符合压实质量标准。

注：填土压实后，必须要达到要求的密实度，现行的《建筑地基基础设计规范》GB 50007—2011 规定，压实填土的质量以设计规定的压实系数的大小

作为控制标准。

$$\rho_d / \rho_{dmax} \geqslant [\lambda_c]$$

式中　$[\lambda_c]$——土的设计压实系数；

　　　　ρ_d——土的实际干密度，干密度越大表明土越坚实；

　　　　ρ_{dmax}——土的最大干密度由实验室击实实验测定。

【解】

土的实际压实系数 $\lambda_c = \rho_d / \rho_{dmax} = 1.6/1.8 = 0.89$

$\lambda_c = 0.89$ 小于土的设计压实系数【λ_c】$= 0.92$

故该填土不符合压实质量标准。

【例 2-9】　某轻型井点采用环状布置，井点管埋设面距基坑底的垂直距离为 4m，井点管至基坑中心线的水平距离为 10m，则井点管的埋设深度（不包括滤管长）至少应为多少？

注：基坑开挖前，在基坑四周预先埋设一定数量的井点管，在基坑开挖前和开挖过程中，利用抽水设备不断抽出地下水，使地下水位降到坑底以下，直至土方和基础工程施工结束为止。

井点管的埋设深度 H（不包括滤管）按下式计算：

$$H \geqslant H_1 + h + iL$$

式中　H_1——井点管埋设面至基坑底的距离（m）；

　　　　h——基坑中心处坑底面（单排井点时，为远离井点一侧坑底边缘）至降低后地下水位的距离，一般为 0.5～1.0m；

　　　　i——地下水降落坡度；环状井点为 1/10，单排线状井点为 1/4；

　　　　L——井点管至基坑中心的水平距离（单排井点中为井点管至基坑另一侧的水平距离）（m）。

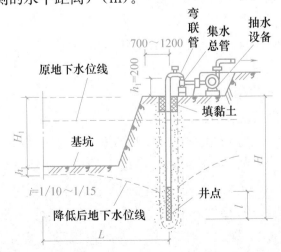

【解】 $H \geqslant H_1 + h + iL$

$$H_1 + h + iL = 4 + 0.5 + 1/10 \times 10$$
$$= 5.5$$

因此，井点管的埋设深度（不包括滤管长）至少应为5.5m。

【例2-10】 已知 $F_N = 1000N$，$[\sigma] = 6MPa$，由 $\dfrac{F_N}{A} \leqslant [\sigma]$ 求解圆柱直径 d。

【解】

由 $\dfrac{F_N}{A} \leqslant [\sigma]$

得 $A \geqslant \dfrac{F_N}{[\sigma]}$

$\dfrac{\pi d^2}{4} \geqslant \dfrac{F_N}{[\sigma]}$

$d^2 \geqslant \dfrac{4F_N}{\pi \cdot [\sigma]}$

$d \geqslant \sqrt{\dfrac{4F_N}{\pi \cdot [\sigma]}}$，代数即得

$d \geqslant \sqrt{\dfrac{4 \times 1000}{3.142 \times 6}}$

$d \geqslant 15mm$

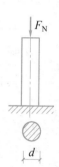

【例2-11】 若对某角观测一个测回的中误差为 $\pm 3''$，要使该角的观测精度达到 $\pm 1.4''$，至少需要观测（　　）个测回。

A. 2　　　　　B. 3　　　　　C. 4　　　　　D. 5

【解】

根据测量误差计算，设测回数为 x，列出方程 $\dfrac{3}{\sqrt{x}} < 1.4$，实际测量中，观测测回数应为整数。解出 $x > 4.59$，所以 x 应取5，该题选D。

任务 2.3　一元一次不等式组

$$\begin{cases} 3x > -3 & ① \\ 3x < 9 & ② \end{cases}$$

类似于方程组，把这两个不等式合起来，组成一个一元一次不等式组。

类比方程组的解，不等式组中的各不等式解集的公共部分，就是不等式组中 x 可以取值的范围。

由不等式①，解得

$x > -1$

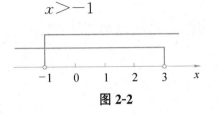

图 2-2

由不等式②，解得

$x < 3$

把不等式①和②的解集在数轴上表示出来（图 2-2）。

从图 2-2 容易看出，x 取值的范围为 $-1 < x < 3$。

一般地，几个不等式的解的公共部分，叫作由它们所组成的不等式组的解集，解不等式组就是求它的解集。

【例 2-12】 解下列不等式组

$$\begin{cases} x + 15 > 0 \\ 7x - 2 < 8x \end{cases}$$

【解】

$$\begin{cases} x + 15 > 0 & ① \\ 7x - 2 < 8x & ② \end{cases}$$

由不等式①，解得 $\qquad x > -15$

由不等式②，解得 $\qquad x > -2$

所以原不等式组的解集为

$$x > -15$$

【例 2-13】 某工程独立基础底板配筋集中标注为"B：X&Y φ10@100"时，进行底板绑扎钢筋施工时，第一根钢筋到基础边缘的起步距离为（A）。

A. 50 　　　　 B. 75 　　　　 C. 100 　　　　 D. 150

注："B：X&Y φ10@100"代表底板配筋为双向直径 10mm 的 HPB 300 级钢筋，钢筋间距 100mm。按有关规范图集的规定，独立基础底板第一根钢筋距离基础边缘的距离为≤$S/2$，且≤75mm，其中，S 为钢筋间距。如图 2-3 所示。

【解】

起步筋定位尺寸：≤$S/2$ 和 ≤75mm 两者比较取小值。

其中，$S = 100$mm，

因此第一根钢筋到基础边缘的起步距离为：

$S/2=100\div2=50$mm 和 75mm 比较取小值，得 50mm。

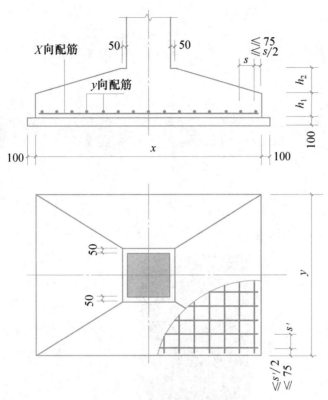

图 2-3 独立基础配筋示意

项目 3　计算器的应用

任务 3.1　计算器的基本操作

3.1.1　计算器的构造（图 3-1）

图 3-1

3.1.2　计算器的常用功能键（图 3-2）

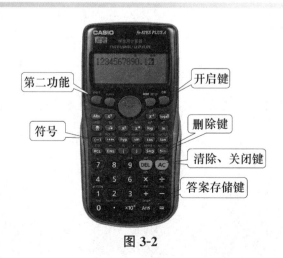

图 3-2

计算器一些常用功能键	
ON	开启键
shift 或 2ndf	第二功能键
0 1 2 3 4 5 6 7 8 9	数字键
(—)	符号键
+ − × ÷	四则运算键
=	完成运算或执行命令
DEL AC	删除键　删除光标所在位置的数字或字符，清除键清除所有数字或字符
x^2 $x^{\square}$	平方键　乘方键
Ans	存储键

3.1.3　计算器双显示屏同时显示计算式和计算结果

上行显示计算式，下行显示计算结果。当计算结果的整数部分多余三位时，每隔三位会有一个分隔符。

3.1.4　基本操作

（1）电源开关键

按 ON 键打开电源，

按 Shift OFF 键关机，若不进行任何操作 6 分钟后自动关机

（2）模式的设置

在开始计算之前必须先进行适当模式的设置

要执行的计算类型	需执行的键操作	需进入的模式
基本算术运算	MODE 1	COMP
标准差	MODE 2	SD
回归计算	MODE 3	REG

在进行基本计算时要使用 MODE 键，按 MODE① 选择 COMP 模式。一般在进行加减乘除、乘方开方、三角函数等运算都是在 COMP 模式下进行的。因此 COMP 模式是常用模式。

（3）输入时错误的纠正

1）◀ 及 ▶ 键可将光标移到您所需要的位置。

2）按 DEL 键可删除目前光标所在位置的数字或字符。

3）AC 总清除键，可将显示屏所显示的数字或字符全部清除。

4）按 ON 键可清楚现存的存储器。

（4）答案存储键 Ans

按 Ans 答案存储键能调出上次计算的结果，并能在下次计算时使用。

任务 3.2　利用计算器进行有理数加、减、乘、除的四则运算

3.2.1　工作任务

1. 土的含水量

土的含水量：土中水的质量与固体颗粒质量之比的百分率，可用下式计算：

$$w=\frac{m_\text{w}}{m_\text{s}}\times100\%$$

式中 w——含水率（%）；

m_w——含水状态下土的质量（kg）；

m_s——烘干后土的质量（kg）。

【例 3-1】 某填土工程用 1 升环刀取土样，称其重量为 2.5kg，经烘干后称得重量为 2.0kg，则该土样的含水量为多少？

【解】 $w = \dfrac{m_w}{m_s} \times 100\%$

$\qquad = (2.5 - 2.0)/2.0 \times 100\% = 25\%$

2. 土的可松性

天然土经开挖后，其体积因松散而增加，虽经振动夯实，仍然不能完全复原，土的这种性质称为土的可松性。

土的可松性用可松性系数表示，即

$$K_s = \frac{V_2}{V_1}$$

$$K_s' = \frac{V_3}{V_1}$$

式中 K_s、K_s'——土的最初、最终可松性系数；

$\qquad V_1$——土在天然状态下的体积（m³）；

$\qquad V_2$——土挖出后在松散状态下的体积（m³）；

$\qquad V_3$——土经压（夯）实后的体积（m³）。

【例 3-2】 某工程基槽挖方体积为 1300m³，垫层和基础体积为 500m³，基础施工完成后，用原来的土进行夯填，根据施工组织的要求，应将多余的土方全部事先运走，试确定回填土的预留量和弃土量？余土（按松散状态计算）外运，若用一辆可装 3m³ 土的汽车，共运多少车？已知 $K_s = 1.35$，$K_s' = 1.15$。

【解】

（1）回填基槽所用松散状态下土的体积

$\quad V_{2留} = V_3/K_s' \times K_s = [(1300 - 500)/1.15] \times 1.35 = 939$（m³）

（2）外运土方松散状态下的体积

$$V_{2弃} = 1300 \times 1.35 - 939 = 816 \text{（m}^3\text{）}$$

（3）余土外运，所需车数

$$816/3 = 272 \text{（车）}$$

3. 混凝土配合比

混凝土配合比是在实验室根据混凝土的配制强度，经过试配和调整而确定的，实验室配合比所有用砂、石都是不含水分的，施工现场砂、石都有一定的含水率，且含水率大小随气温等条件不断变化。施工时应及时测定砂、石骨料的含水率，并将混凝土配合比换算成在实际含水率情况下的施工配合比。

设混凝土实验室配合比为：水泥：砂子：石子＝$1:x:y$，测得砂子的含水率为 w_x，石子的含水率为 w_y，

则施工配合比应为：$1:x(1+w_x):y(1+w_y)$。

已知 C20 混凝土的试验室配合比为：$1:2.55:5.12$，水灰比为 0.65，经测定砂的含水率为 3%，石子的含水率为 1%，每 $1m^3$ 混凝土的水泥用量为 310kg，则施工配合比为：

$$1:2.55(1+3\%):5.12(1+1\%)=1:2.63:5.17$$

每 $1m^3$ 混凝土材料用量为：

水泥：310kg

砂子：$310kg \times 2.63 = 815.3$ （kg）

石子：$310kg \times 5.17 = 1602.7$ （kg）

水：$310kg \times 0.65 - 310kg \times 2.55 \times 3\% - 310kg \times 5.12 \times 1\% = 161.9$ （kg）

3.2.2 用计算器计算结果

【例 3-3】 使用计算器，计算下列算式结果

(1) $3.1 \times 7.3 + 43 \div (-9)$

(2) $35 \times (3.4 - 7.2) \div 5$

(3) $8 \times (-2.7 + 0.8) - \dfrac{3}{4}$

【解】

(1) $3.1 \times 7.3 + 43 \div (-9)$，常用计算器的按键顺序为

$\boxed{3}\ \boxed{\cdot}\ \boxed{1}\ \boxed{\times}\ \boxed{7}\ \boxed{\cdot}\ \boxed{3}\ \boxed{+}\ \boxed{4}\ \boxed{3}\ \boxed{\div}\ \boxed{(}\ \boxed{-}\ \boxed{9}\ \boxed{=}$

显示器显示的结果为 17.85222222，

则 $3.1 \times 7.3 + 43 \div (-9) \approx 17.85$

(2) $35 \times (3.4 - 7.2) \div 5$，常用计算器的按键顺序为

$\boxed{3}\ \boxed{5}\ \boxed{\times}\ \boxed{(}\ \boxed{3}\ \boxed{\cdot}\ \boxed{4}\ \boxed{-}\ \boxed{7}\ \boxed{\cdot}\ \boxed{2}\ \boxed{)}\ \boxed{\div}\ \boxed{5}\ \boxed{=}$

显示器显示的结果为 －26.6

则 $35 \times (3.4 - 7.2) \div 5 = -26.6$

(3) $8 \times (-2.7 + 0.8) - \dfrac{3}{4}$，常用计算器的按键顺序为

$\boxed{8}\ \boxed{\times}\ \boxed{(}\ \boxed{(}\ \boxed{-}\ \boxed{2}\ \boxed{\cdot}\ \boxed{7}\ \boxed{+}\ \boxed{0}\ \boxed{\cdot}\ \boxed{8}\ \boxed{)}\ \boxed{-}\ \boxed{3}\ \boxed{\div}\ \boxed{4}\ \boxed{=}$

显示器显示的结果为−15.95

则 $8\times(-2.7+0.8)-\dfrac{3}{4}=-15.95$

【例 3-4】 图 3-3 为红星小学办公楼屋面实景图，现要求根据办公楼屋面平面图（图 3-4），计算出 A 轴到 D 轴之间的长度（单位 mm）。

图 3-3

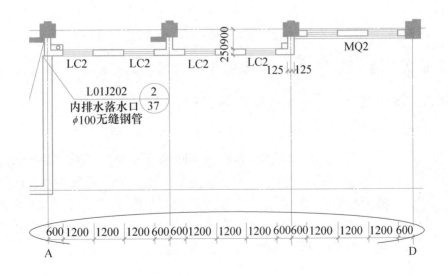

图 3-4

【解】

长度＝600＋1200＋1200＋1200＋600＋600＋1200＋1200＋1200＋600＋600＋1200＋1200＋1200＋600＝144000（mm）

计算器输入：

$$6\ 0\ 0\ +\ 1\ 2\ 0\ 0\ +\ 1\ 2\ 0\ 0\ +\ 1\ 2\ 0\ 0\ +\ 6\ 0\ 0\ +$$

$$6\ 0\ 0\ +\ 1\ 2\ 0\ 0\ +\ 1\ 2\ 0\ 0\ +\ 1\ 2\ 0\ 0\ +\ 6\ 0\ 0\ +\ 6\ 0\ 0\ +\ 1$$

$$2\ 0\ 0\ +\ 1\ 2\ 0\ 0\ +\ 1\ 2\ 0\ 0\ +\ 6\ 0\ 0\ =\ 1\ 4\ 4\ 0\ 0\ 0$$

任务 3.3 用计算器进行乘方、开方的运算

3.3.1 数的平方及平方根的运算

所用计算器的功能键为 $\boxed{x^2}$ 和 $\boxed{\sqrt{}}$

【例 3-5】 用计算器计算下列各数的值

(1) $\sqrt{4225}$；(2) $\sqrt{3667}$ (精确到 0.01)；(3) 121^2；(4) 239^2

【解】

(1) 依次按键 $\boxed{\sqrt{}}\ \boxed{4225}\ \boxed{=}$，显示 65，∴ $\sqrt{4225}=65$

(2) 依次按键 $\boxed{\sqrt{}}\ \boxed{3667}\ \boxed{=}$，显示 60.55575943，∴ $\sqrt{3667}\approx 60.56$

(3) 依次按键 $\boxed{121}\ \boxed{x^2}\ \boxed{=}$，显示 14641，∴ $121^2=14641$

(4) 依次按键 $\boxed{239}\ \boxed{x^2}\ \boxed{=}$，显示 57121，∴ $239^2=57121$

例 3-6

【例 3-6】 某学校办公楼回填土（图 3-5），需要扣除框架柱体积。已知柱高为 1.2m，通过图纸平面图如图 3-6 已知 KZ1 截面面积是 $0.6^2\mathrm{m}^2$，KZ2 截面面积是 $0.5^2\mathrm{m}^2$，KZ3 截面面积是 $0.55^2\mathrm{m}^2$，KZ4 截面面积是 $0.62^2\mathrm{m}^2$，求扣除框架柱体积总和（框架柱体积＝柱高×截面面积）。

【解】

框架柱体积＝柱高×（KZ1 截面面积＋KZ2 截面面积＋KZ3 截面面积＋KZ4 截面面积）＝$1.2\times(0.6^2+0.5^2+0.55^2+0.62^2)=1.55628\mathrm{m}^2$

计算器输入：

$$\boxed{1}\boxed{.}\boxed{2}\boxed{\times}\boxed{(}\boxed{0}\boxed{.}\boxed{6}\boxed{x^2}\boxed{+}\boxed{0}\boxed{.}\boxed{5}\boxed{x^2}\boxed{+}\boxed{0}\boxed{.}\boxed{5}\boxed{5}\boxed{x^2}\boxed{+}\boxed{0}\boxed{.}$$

$$\boxed{6}\boxed{2}\boxed{x^2}\boxed{)}\boxed{=}\boxed{1}\boxed{.}\boxed{5}\boxed{5}\boxed{6}\boxed{2}\boxed{8}$$

图 3-5

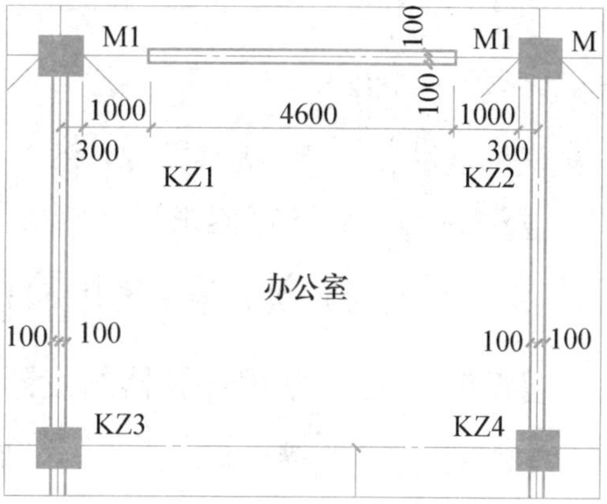

图 3-6

3.3.2　立方根的运算

所用计算器的按键为 $\sqrt[3]{}$

【例 3-7】　用计算器求下列各数的立方根

（1）8；（2）100（精确到 0.01）；（3）-3375；（4）-13.27（精确到 0.001）

例 3-7

【解】

（1）依次按键 SHIFT $\sqrt[3]{}$ 8 $=$，显示 2，∴ $\sqrt[3]{8}=2$

（2）依次按键 SHIFT $\sqrt[3]{}$ 100 $=$，显示 4.641588834，∴ $\sqrt[3]{100}\approx4.64$

（3）依次按键 SHIFT $\sqrt[3]{}$ $-$3375 $=$，显示 -15，∴ $\sqrt[3]{-3375}=-15$

（4）依次按键 SHIFT $\sqrt[3]{}$ $-$13.27 $=$，显示 -2.367501744，∴ $\sqrt[3]{-13.27}\approx$

-2.368

3.3.3　数的乘方、开方的运算

所用计算器的功能键为 $x^{\blacksquare}$ 和 $\sqrt[\blacksquare]{}$

【例 3-8】　用计算器求 $(-12)^5\div\sqrt[5]{(-15)}$

求一个数的正整数次幂，要用乘幂运算键 $x^{\blacksquare}$

【解】　$(-12)^5\div(-15)$，常用计算器的按键顺序为

$\boxed{-}$ $\boxed{1}$ $\boxed{2}$ $\boxed{x^\blacksquare}$ $\boxed{5}$ $\boxed{\div}$ $\boxed{-}$ $\boxed{1}$ $\boxed{5}$ $\boxed{=}$

显示 16588.8

$\therefore (-12)^5 \div (-15) = 16588.8$

【例 3-9】 用计算器求 $\sqrt[5]{32}$

求一个数的 n 次方根，要用 $\boxed{\text{SHIFT}}$ 和 $\boxed{x^\blacksquare}$

【解】 $\sqrt[5]{32}$，常用计算器的按键顺序为

$\boxed{5}$ $\boxed{\text{SHIFT}}$ $\boxed{x^\blacksquare}$ $\boxed{3}$ $\boxed{2}$ $\boxed{=}$ 显示 2

$\therefore \sqrt[5]{32} = 2$

【例 3-10】 用计算器计算

(1) $3.1^5 + 8^9 - 2.14^3$ (2) $2.5^4 + \sqrt[5]{7.25}$

【解】

(1) 依次按键 $\boxed{3}$ $\boxed{\cdot}$ $\boxed{1}$ $\boxed{x^\blacksquare}$ $\boxed{5}$ $\boxed{+}$ $\boxed{8}$ $\boxed{x^\blacksquare}$ $\boxed{9}$ $\boxed{-}$ $\boxed{2}$ $\boxed{\cdot}$ $\boxed{1}$ $\boxed{4}$ $\boxed{x^\blacksquare}$ $\boxed{3}$ $\boxed{=}$

显示 134218004.5

$\therefore 3.1^5 + 8^9 - 2.14^3 = 134218004.5$

(2) 依次按键 $\boxed{2}$ $\boxed{\cdot}$ $\boxed{5}$ $\boxed{x^\blacksquare}$ $\boxed{4}$ $\boxed{+}$ $\boxed{5}$ $\boxed{\text{SHIFT}}$ $\boxed{x^\blacksquare}$ $\boxed{7}$ $\boxed{\cdot}$ $\boxed{2}$ $\boxed{5}$ $\boxed{=}$ 显示

40.54866696

$\therefore 2.5^4 + \sqrt[5]{7.25} = 40.54866696$

任务 3.4 用计算器求一般锐角的三角函数值

在进行三角函数计算时首先要进行角度单位的设置，按键 $\boxed{\text{SHIFT}}$，

$\boxed{\text{MOOE}}$ 数次直到显示

。 ′ ″

	Deg	Rad	Gra
	1	2	3

选择与需要的角度单位（度、弧度、百分度）相应的数字键 $\boxed{1}$ $\boxed{2}$ 或 $\boxed{3}$ 然后再

进行计算

3.4.1 用科学计算器求一般锐角的三角函数值时，要用功能键 sin、cos、tan。

求 sin35°，cos75°，tan40°的按键顺序如下表：

	按键顺序	显示结果
sin35°	sin 3 5 =	0.573576436
cos75°	cos 7 5 =	0.258819045
tan40°	tan 4 0 =	0.839099631

角度单位度、分、秒的输入可使用 °′″ 键，如输入 5°2′3″时依次按键 5、°′″、2、°′″、3、°′″

【例3-11】 计算 （1）cos27°39′38″　　（2）sin32°15′9″

【解】 （1）按键顺序 cos 2 7 °′″ 3 9 °′″ 3 8 °′″ =

显示：0.885713429

∴　cos27°39′38″≈0.8857

（2）按键顺序 sin 3 2 °′″ 1 5 °′″ 9 °′″ =

显示：0.533651417

∴　sin32°15′9″≈0.5337

3.4.2 用计算器计算根据三角函数求对应的锐角

用科学计算器求角度，要用到 SHIFT 键及 sin，cos 和 tan 键的第二功能，例如下表：

	按键顺序	显示结果
sin A=0.7512	SHIFT sin 0 · 7 5 1 2	48.69443278
cos A=0.8067	SHIFT cos 0 · 8 0 6 7	36.22524578
tan A=0.189	SHIFT tan 0 · 1 8 9	10.70265749

【例3-12】 在板里钢筋种类有板底受力筋板、板底分布筋、板顶扣筋、板顶构造分布筋。已知扣筋总长＝单根长×根数，单

例 3-12

根长＝1500×2＋300＋12×12（mm），根数＝31根，计算图 3-13 中扣筋总长多少米（计算过程换成米计算）？

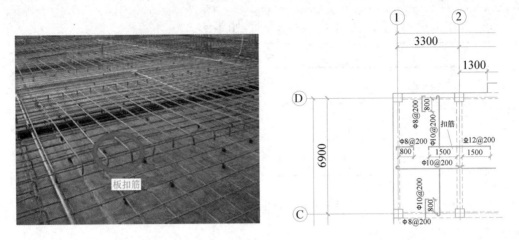

【解】

扣筋总长＝单根长×根数＝(1.5×2＋0.3＋12×0.012)×31＝106.764（m）

项目 4　数学的运算

任务 4.1　加减乘除，乘方开方

数学运算

【典型工作任务】

（1）已知 A 点高程（高度）为 12.563m，B 点高程（高度）为 10.959m，求 A、B 点的高差（B 比 A 高多少）；求 B、A 点的高差（A 比 B 高多少）。

（2）在使用钢尺测量 AB 两点水平距离时要往返测距，往测距离为 36.365m，返测结果为 36.361m，求 AB 两点间水平距离。

（3）含水率为 5％的砂 220kg，将其干燥后的质量是（　　）kg。

　A. 209　　　　　　B. 209.52　　　　　C. 210　　　　　D. 220

（4）计算：$75°12'42''-0°02'30''=($　　$)$

以上工程实例都涉及数的加减乘除计算问题，如何解答呢，我们本节来进行学习。

4.1.1　基本概念

1. 有理数　整数和分数统称为有理数。
2. 无理数　无限不循环小数叫作无理数。

$$例如　\sqrt{2}\ 、\sqrt{3}\ 、\sqrt{5}\cdots$$

3. 实数　有理数和无理数的总称。

实数的分类

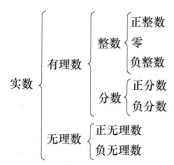

4. 数轴　规定了原点、正方向和单位长度的直线叫作数轴。

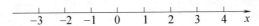

每一个实数都可以用数轴上的点来表示，即实数与数轴上的点是一一对应的。

5. 倒数　乘积为1的两个数互为倒数。

例如：3 和 $\dfrac{1}{3}$　　　$\dfrac{8}{3}$ 和 $\dfrac{3}{8}$ 互为倒数。

6. 相反数　符号不同绝对值相等的两个数互为相反数，即 a 的相反数是 $-a$（a 代表任意实数）。

【例4-1】　7 的相反数是 -7，　　　　　-5 的相反数是 $-(-5)=5$，
　　　　　0 的相反数等于 0。

互为相反数的两个数在数轴上与原点的距离相等。

7. 绝对值　几何定义：一个数 a 的绝对值就是数轴上表示数 a 的点与原点的距离，数 a 的绝对值记作 $|a|$。

代数定义：

$$|a|=\begin{cases}a & (a>0)\\ 0 & (a=0)\\ -a & (a<0)\end{cases} \qquad 或 \qquad |a|=\begin{cases}a & (a\geqslant 0)\\ -a & (a<0)\end{cases}$$

即：一个正数的绝对值是它本身；一个负数的绝对值是它的相反数；0 的绝对值是 0

例　　$|5|=5$　　　$|-2.5|=2.5$　　　$|0|=0$

4.1.2　有理数加法计算

1. 定义　把两个有理数合成一个有理数的运算叫作有理数加法。

2. 有理数加法法则

（1）同号两数相加，取相同的符号，并把绝对值相加。

（2）绝对值不等的异号两数相加，取绝对值较大的加数符号，并用较大的绝对值减去较小的绝对值。互为相反数的两数相加得0。

在运算过程中，"＋""—"号可以看作性质符号，也可以看作运算符号。

3. 例题

(1)（−1.2）+（−2.8）　　　　　(2)（+2.7）+（−3）

(3)（−0.72）+0　　　　　　　　(4) 3.58+（−3.58）

(5)（−1.87）+（+0.450）+（−1.25）+（+0.36）

【解】

(1)（−1.2）+（−2.8）=−（1.2+2.8）=−4

(2)（+2.7）+（−3）=−（3−2.7）=−0.3

(3)（−0.72）+0=−0.72

(4) 3.58+（−3.58）=0

(5)（−1.87）+（+0.45）+（−1.25）+（+0.36）

$\quad$=[（+0.45）+（+0.36）]+[（−1.87）+（−1.25）]

$\quad$=（+0.81）+（−3.12）

$\quad$=−2.31

4. 知识延伸：当多个有理数相加时①互为相反数的两个数可以先相加，②符号相同的数先相加，③分母相同的数可以先相加，④和为整数的几个数先相加。

4.1.3 有理数的减法

1. 定义　已知两个有理数的和与其中的一个加数，求另一个加数的运算，称有理数减法。减法是加法的逆运算。

2. 有理数加法法则

减去一个数等于加上这个数的相反数，把有理数的减法利用相反数变成加法计算，可表示为：

$$x−y=x+（−y）$$

有理数的加法和减法可以互相转化。有负数后任何两个数都可求出差值，不存在不够减的问题，大数减小数，差为正值。小数减大数，差为负值，用绝对值大的数减绝对值小的数。

3. 例题

(1)（−5.1）−1.9　　　　　(2) 6.5−8.9

(3) 0−（−0.72）　　　　　　(4) −2.9−（+0.9）

【解】

(1)（−5.1）−1.9=（−5.1）+（−1.9）=−7

(2) $6.5-8.9=-(8.9-6.5)=-2.4$

(3) $0-(-0.72)=0+0.72=0.72$

(4) $-2.9-(+0.9)=-2.9+(-0.9)=-3.8$

4.1.4 有理数的乘法

1. 定义 两个有理数积的运算。

2. 有理数乘法法则

(1) 两数相乘，同号得正，异号得负，并把绝对值相乘。运算时先确定积的符号，再把绝对值相乘。

$(+2)\times(+3)=+6$ $(-2)\times(-3)=+6$（同号相乘得正）

$(-2)\times(+3)=-6$ $(+2)\times(-3)=-6$（异号相乘得负）

$0\times3=0$ $(-2)\times0=0$ （任何数乘 0 都得 0）

(2) 多个不等于 0 的数相乘，积的符号由负因数的个数决定，当负因数有奇数个时，积为负；当负因数个数为偶数个时，积为正。

$(+2)\times(-3)\times(-5)=+30$ （负因数的个数是偶数，积为正）

$(+2)\times(+3)\times(-5)=-30$ （负因数的个数是奇数，积为负）

(3) 互为倒数的两个数乘积是 1，符号相反的两个互为倒数的乘积是 -1。

$\dfrac{6}{5}\times\dfrac{5}{6}=1$ $\left(-\dfrac{6}{5}\right)\times\left(-\dfrac{5}{6}\right)=1$

$\dfrac{6}{5}\times\left(-\dfrac{5}{6}\right)=-1$ $\left(-\dfrac{6}{5}\right)\times\dfrac{5}{6}=-1$

(4) 有理数相乘遵循乘法的交换律，结合律、分配律。

$(-2)\times(+3)=(+3)\times(-2)$

$(-25)\times(+3)\times(-4)=(-25)\times(-4)\times(+3)$

$(-25)\times(4+8)=(-25)\times4+(-25)\times(+8)$

3. 例题

(1) $6\times0.5\times(-3)$

(2) $20\times5\%$

(3) $-0.5\times6\times(-8)\times(-0.2)$

【解】

(1) $6\times0.5\times(-3)=-(6\times0.5\times3)=-9$

(2) $20\times5\%=20\times0.05=1$

(3) $-0.5\times6\times(-8)\times(-0.2)=-(0.5\times6\times8\times0.2)=-4.8$

4.1.5 有理数的除法

1. 定义　已知两个因数的积与其中一个因数，求另一个因数的运算叫作有理数的除法。

2. 除法法则

（1）两数相除，同号得正，异号得负，并把绝对相除。

$$72 \div 9 = 8 \qquad (-72) \div 9 = -8$$

（2）0 除以任何一个不等于 0 的数，都得 0。

$$0 \div 9 = 0 \qquad 0 \div (-9) = 0$$

（3）除以一个不等于 0 的数，等于乘这个数的倒数。

$$15 \div \frac{5}{6} = 15 \times \frac{6}{5} = 18 \qquad 15 \div \left(-\frac{5}{6}\right) = 15 \times \left(-\frac{6}{5}\right) = -18$$

因为有理数的除法可以化为乘法，所以可以利用乘法的运算性质简化运算。

例：$-35 \div \frac{7}{8} \times \left(-\frac{3}{4}\right)$

原式 $= -35 \times \frac{8}{7} \times \left(-\frac{3}{4}\right)$ 　　　（变除为乘）

$= -40 \times \left(-\frac{3}{4}\right)$ 　　　　（约分）

$= 30$

3. 例题

（1）$-0.042 \div 6$ 　　　　　　　　　　　　（2）$(-0.12) \div (-4)$

【解】

（1）$-0.042 \div 6 = -(0.042 \div 6) = -0.007$

（2）$(-0.12) \div (-4) = +(0.12 \div 4) = +0.03$

4.1.6 有理数的乘方

1. 定义

n 个相同的因数 a 相乘，即 $a \quad a \quad a \quad a \cdots a$，我们把它记作 a^n，表示 n 个 a 相乘。这种求几个相同因数的积的运算，叫作**乘方**，乘方的结果叫作**幂**. 在 a^n 中，a 叫作底数，n 叫作指数，读作 a 的 n 次幂，表示 n 个 a 相乘。

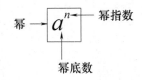

2. 运算法则

（1）正数的任何次幂都是正数；

例：$2^3=8$　$3^2=9$

（2）负数的奇数次幂是负数，负数的偶数次幂是正数；

例：$(-2)^3=-8$　　$(-2)^2=4$

（3）0的任何正整数次幂都是0；

例：$0^2=0$

（4）任何不等于0的数的0次幂都是1；

例：$2^0=1$　$(-2)^0=1$

（5）负整数指数幂　$a^{-n}=\dfrac{1}{a^n}$　　　　　　　（$a\neq 0$，n 是正整数）

例：$3^{-2}=\dfrac{1}{3^2}$

（6）整数指数幂的运算法则（a，$b\neq 0$，m 和 n 是正整数）。

$a^m\times a^n=a^{m+n}$

$(a^m)^n=a^{mn}$

$(ab)^n=a^n b^n$

3. 有理数的平方、立方

把 a^2（a 的 2 次方）读作 a 的平方，把 a^3（a 的 3 次方）读作 a 的立方。负数的奇次幂是负数，负数的偶次幂是正数。

计算时先把乘方转化为乘法，再用乘法的运算法则计算。

4. 例题

（1）$(-2)^3$　　　　　　　　　　（2）$(-5)^2$

【解】

（1）$(-2)^3=-(2\times 2\times 2)=-8$

（2）$(-5)^2=+(5\times 5)=25$

4.1.7　有理数的开方

开方是指求一个数的方根的运算，开方为乘方的逆运算。

如果一个数的 n 次方等于 a，那么，这个数就叫作 a 的 n 次方根。

当 n 为偶数时，对于每一个正实数 a，有两个 n 次方根，表示为 $\sqrt[n]{a}$ 和 $-\sqrt[n]{a}$，它们互为相反数；对于负数 a 没有 n 次方根。

当 n 为奇数时，对于每一个实数 a，有一个 n 次方根，表示为 $\sqrt[n]{a}$。

0 的 n 次方根是 0。

形如 $\sqrt[n]{a}$（有意义）的式子称为 n 次根式，其中 a 称为被开方数，n 称为根指数，正的 n 次方根 $\sqrt[n]{a}$ 称为 a 的算术平方根。

求一个数的 n 次方根的运算，叫作开 n 次方，即开方的运算。

1. 开平方

（1）定义求一个数 a 的平方根的运算叫作开平方。

如果一个数的平方等于 a，那么这个数叫作 a 的平方根，a 叫作被开方数。

$x^2 = 4$　则 $x = \pm 2$，4 的平方根是 ± 2。

注意：只有非负数有平方根，负数没有平方根。平方和开平方互为逆运算。

（2）算数平方根。

正数 a 的平方根用 $\pm\sqrt{a}$，$\sqrt{a}$ 表示 a 的算数平方根。一个正数有两个平方根。

2. 开立方

（1）定义求一个数 a 的立方根的运算叫作开立方。

如果一个数的立方等于 a，那么这个数叫作 a 的立方根，用 $\sqrt[3]{a}$ 表示，"读三次根号 a"。

（2）任何一个数都有立方根，且只有一个，负数也有立方根。

例：$\sqrt[3]{8} = 2$　　$\sqrt[3]{-27} = -3$

知识延伸：求一个数 a 的 n 次方的运算叫作开 n 次方，如果一个数的 n 次方等于 a，那么这个数叫 a 的 n 次方根。

例：$2^4 = 16$　则 2 是 16 的 4 次方根，写作 $\sqrt[4]{16} = 2$，但是 16 的 4 次方根有两个分别是 2 和 -2。即 16 的 4 次方根为 $\sqrt[4]{16} = \pm 2$。

3. 例题

（1）$\sqrt{36} =$　　　　　　（2）$\sqrt[3]{27} =$　　　　　　（3）$\sqrt[3]{-125} =$

【解】

(1) $\sqrt{36}=\pm6$ (2) $\sqrt[3]{27}=3$ (3) $\sqrt[3]{-125}=-5$

任务 4.2 有理数混合运算在实际问题中应用

数学运算应用

有理数的加减乘除、乘方、开方在实际中应用本质上是列式计算问题。

1. 例题 1

已知 A 点高程（高度）为 12.563m，B 点高程（高度）为 10.959m，求 AB 的高差（B 比 A 高多少）；求 BA 的高差（A 比 B 高多少）。

【解】 AB 的高差就是求 B 点比 A 点高多少，用 B 点高程减 A 点高程。

计算 AB 高差：$10.959-12.563=-1.604$m

同理 BA 高差：$12.563-10.959=1.604$m

2. 例题 2

在使用钢尺测量 AB 两点水平距离时要往返测距，往测距离为 36.365m，返测结果为 36.361m，求 AB 两点间水平距离。

【解】 钢尺丈量两点的水平距离需要往返观测，最后取平均值的两点水平距离。

计算：AB 两点间水平距离为：$(36.365+36.361)\div2=36.363$m

3. 例题 3

含水率为 5% 的砂 220kg，将其干燥后的质量是（ ）kg。

A. 209   B. 209.52   C. 210   D. 220

【解】 含水率：干燥材料在潮湿空气中吸收水分的质量百分比，例如 100g 干砂吸收 5% 水分成了 105g 的湿砂，湿砂的含水率为 5%。

计算：B（220/1.05）

4. 例题 4

计算：$75°12'30''-0°02'42''=($ $)$

【解】 度、分、秒的加减乘除计算中，度、分、秒分别计算，先算秒，再算分，最后算度，如果做减法不够减是向上借，$1°=60'$ $1'=60''$，例题中 $30''-42''$ 不够减，借 $1'$（$60''$）变成 $75°11'90''$ 再减 $0°02'42''$。

计算：$75°12'30''-0°02'42''=75°09'48''$

5. 例题 5

图 4-1 为一闭合水准路线，观测四个测段，每测段测站数和实测高差如图

所示，计算高差闭合差及允许高差闭合差。

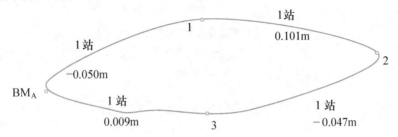

图 4-1　闭合水准路线

【解】

闭合水准路线的高差闭合差计算公式为每一测段实测高差之和。允许闭合差为 $\pm 12\sqrt{n}$，n 为各测段测站数之和，计算得出单位为"mm"。

计算高差闭合差为：$(-0.050)+0.101+(-0.047)+0.009=0.013$（m）

高差闭合差允许值：$\pm 12\sqrt{n}=\pm 12\sqrt{1+1+1+1}=\pm 12\sqrt{4}=\pm 24$（mm）

6. 例题 6

某工程需套取矩形柱基价是多少，根据《全国统一建筑工程基础定额河北省消耗量定额》查得，A4-16 矩形柱中人工费 1272.6 元，机械费 113.98 元，材料费 2037.2 元（表 4-1），求基价是多少钱（基价＝人工费＋机械费＋材料费）。

A.4.1.2 柱

表 4-1

工作内容：混凝土搅拌、场内水平运输、浇捣、养护等。

	定额编号	A4-16
	项目名称	矩形柱
	基价(元)	
其中	人工费(元)	1272.60
	材料费(元)	2037.20
	机械费(元)	113.98

【解】　基价＝人工费＋机械费＋材料费＝1272.6＋113.98＋2037.2＝3423.78（元）

7. 例题 7

计算石市某工程工程造价是多少？根据河北省建筑、安装、市政、装饰装修工程费用标准（图 4-2）可知：工程造价＝直接费＋企业管理费＋规费＋利润＋价款调整＋安全生产文明施工费＋税金（表 4-2）。已知该工程直接费为 2300 万，直接费中人工费＋机械费为 1300 万，企业管理费费率为 18%，规费费率为 20%，利润费率为 13%，税金费率为 3.48%，安全生产文明施工费率

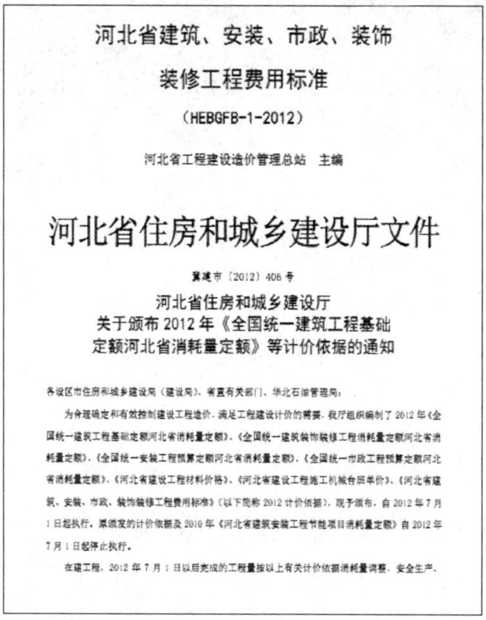
河北省建筑、安装、市政、装饰装修工程费用标准

（HEBGFB-1-2012）

河北省工程建设造价管理总站　主编

河北省住房和城乡建设厅文件

冀建市〔2012〕406号

河北省住房和城乡建设厅
关于颁布2012年《全国统一建筑工程基础定额河北省消耗量定额》等计价依据的通知

各设区市住房和城乡建设局（建设局）、省直有关部门、华北石油管理局：

为合理确定和有效控制建设工程造价，满足工程建设计价的需要，我厅组织编制了2012年《全国统一建筑工程基础定额河北省消耗量定额》、《全国统一建筑装饰装修工程消耗量定额河北省消耗量定额》、《全国统一安装工程预算定额河北省消耗量定额》、《全国统一市政工程预算定额河北省消耗量定额》、《河北省建设工程材料价格》、《河北省建设工程施工机械台班单价》、《河北省建筑、安装、市政、装饰装修工程费用标准》（以下简称2012计价依据），现予颁布，自2012年7月1日起执行。原颁发的计价依据及2010年《河北省建筑安装工程节能项目消耗量定额》自2012年7月1日起停止执行。

在建工程，2012年7月1日以后完成的工程量按以上有关计价依据消耗量调整，安全生产、

图 4-2

3%，价款调整不计算（单位为万元）。

工程造价计价程序　　表 4-2

建筑、安装、市政、装饰装修工程造价计价程序表

序号	费用项目	计算方法
1	直接费	—
1.1	直接费中人工费－机械费	—
2	企业管理费	1.1×费率
3	规费	1.1×费率
4	利润	1.1×费率
5	价款调整	按合同约定的方式、方法计算
6	安全生产、文明施工费	(1+2+3+4+5)×费率
7	税金	(1+2+3+4+5+6)×费率
8	工程造价	1+2+3+4+5+6+7

注：本计价程序中直接费不含安全生产、文明施工费。

【解】

1. 直接费：2300万元（题目已知）

2. 直接费中人工费＋机械费：1300万元（题目已知）

3. 企业管理费＝（直接费中人工费＋机械费）×企业管理费费率＝1300×18％＝1300×0.18＝234（万元）

4. 规费＝（直接费中人工费＋机械费）×规费费率＝1300×20％＝1300×0.2＝260（万元）

5. 利润＝（直接费中人工费＋机械费）×利润费率＝1300×13％＝1300×0.13＝169（万元）

6. 价款调整：0（题目已知）

7. 安全生产文明施工＝（直接费＋企业管理费＋规费＋利润＋价款调整）×安全生产文明施工费率＝（2300＋234＋260＋169）×3％＝2963×0.03＝88.89（万元）

8. 税金＝（直接费＋企业管理费＋规费＋利润＋价款调整＋安全生产文明施工费）×税金费率＝（2300＋234＋260＋169＋88.89）×3.48％＝3051.89×0.0348＝106.21（万元）

9. 工程造价＝直接费＋企业管理费＋规费＋利润＋价款调整＋安全生产文明施工费＋税金＝2300＋234＋260＋169＋88.89＋96.81＝3148.70（万元）

8. 例题8

某办公楼地面铺地砖（图4-3），计算该办公室地面面积。

由平面图4-4已知，办公室长度＝4800－125（mm），宽度＝6000－100（mm），计算过程将单位换成米再计算。

【解】　办公室面积＝办公室长×办公室宽＝（4.8－0.125）×（6－0.1）＝27.58（m²）

图4-3

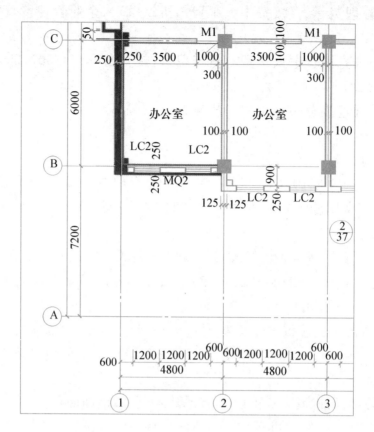

图 4-4

任务 4.3 加权平均数计算

加权平均
数的计算

【典型工作任务】

某大桥采取邀请招标方式选择施工单位。在离投标截止时间还差 15d 时，招标人书面形式通知甲、乙、丙 3 家承包商，将原招标文件中关于评标的内容调整如下：原评标内容总价、单价、技术、资信四个方面同等重要（权数分别为 25%），依次修正为各占 10%、40%、40%、10%，加大了单价和技术的评分权数。

假设甲、乙、丙各项评标内容得分见表 4-3。

表 4-3

投标单位	总价得分	单价得分	技术方案得分	资信得分
甲	92	96	95	92
乙	92	93	96	95
丙	96	92	96	92

请问：总价、单价、技术方案、资信各项评审内容同等重要（权数分别为25%）修正为10%、40%、40%、10%时，甲、乙、丙三家施工单位的综合得分会发生怎样变化？

以上实例中涉及加权平均数的计算，如何进行解答将会在本节来学习。

加权平均数

基本概念

平均数是在一组数据中所有数据之和，再除以这组数据的个数。

加权平均数是平均数的一种，即将各数值乘以相应的权数，然后相加求和得到值，再除以总的权数之和。

权数又叫权重，是指某一因素或指标相对于某一事物的重要程度，其不同于一般的比重，体现的不仅是某一因素或指标所占的百分比，强调的是因素或指标的相对重要程度。

【例 4-2】 已知，某单位招聘高层管理人员 1 名，现有应聘人员 2 名——小青、小红。

用人单位对应聘人员的学历、实践工作经验等考察项目分别计分，每个考察项目的满分均为 100 分，每个项目的得分乘以各自权重（权重，是指某个因素对目标影响程度的大小），而后求和，成绩排名第一者胜出，成为聘用人选。

该单位偏重于考察应聘人员的学历。学历、实践工作经验的评分标准依次见表 4-4、表 4-5。

小青、小红各个考察项目的实际情况见表 4-6。各个考察项目所分配的权重及应聘人员各个项目的得分见表 4-7。

问题：（1）根据以上已知条件和规定，请计算出小青、小红的应聘得分各为多少。（2）谁应当列为聘用人选？

表 4-4

学历	专科	本科	硕士	博士
计分	60	80	90	100

表 4-5

实践工作经验	实践工作经验按工作年限计分
计分	每满 1 年计 10 分。0.5 年以上不足 1 年的，按 1 年计算；不足 0.5 年的不计分。工作年限 10 年及以上计 100 分。最高分为满分 100 分

表 4-6

序号	考察项目	小青情况	小红情况
1	学历	本科	博士
2	实践工作经验	6 年	1 年

表 4-7

序号	考察项目	权重	小青情况 考察项目得分	小红情况 考察项目得分
1	学历	0.9	80	100
2	实践工作经验	0.1	60	10

解：（1）根据已知条件和规定，小青、小红的应聘得分计算如下：

小青：$\dfrac{80\times0.9+60\times0.1}{0.9+0.1}=78$

小红：$\dfrac{100\times0.9+10\times0.1}{0.9+0.1}=91$

经过计算，小青、小红的应聘得分分别为：78 分、91 分。

（2）因为 78＜91，

根据用人单位的招聘规定，得分 91，排名第一的小红应当列为聘用人选。

任务 4.4 估值

【典型工作任务】

量一量以下物品的大小：普通保温杯口径、卫生纸筒的口径、药瓶的口径、一元硬币的直径等（图 4-5）。

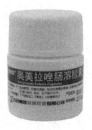

图 4-5

1. 定义

估值：估计计算对象的大小、数量级、有大小的概念。

2. 例题

量一量教室内所见管道的直径并记录，可量出周长再计算出管径（图 4-6）。

图 4-6

知识点解析：可通过直接测量得到室内管道常用管径（$DN15$mm、$DN20$mm 等）。

二、专业模块

　　专业模块将专业与数学相结合，可以根据建筑工程施工、工程造价、市政工程施工、建筑装饰、建筑设备安装、工程测量、道路与桥梁工程施工等专业的不同需求，选择相应的模块。

项目 5　平面直角坐标系

任务 5.1　数学平面直角坐标系

平面直角坐标

【典型工作任务】

1. 单选题

在平面直角坐标系中，点 A（-2，3）在（　　）。

A. 第一象限　　　　B. 第二象限　　　　C. 第三象限　　　　D. 第四象限

2. 填空题

已知点 A 的坐标为（2，4），点 B 的坐标为（5，8），则两点间水平距离为（　　）。

以上实例都涉及平面直角坐标的问题，如何进行解答将在本节来学习。

5.1.1　数学平面直角坐标系的定义

在平面"二维"平面内画两条互相垂直，并且有公共原点的数轴，简称直角坐标系。平面直角坐标系有两个坐标轴，其中横轴为 x 轴，取向右方向为正方向；纵轴为 y 轴，取向上为正方向。坐标系所在平面叫作坐标平面，两坐标轴的交点叫作平面直角坐标系的原点，如图 5-1 所示。

5.1.2　点的坐标

在直角坐标系中，对于平面上的任意一点，都有唯一的一个有序实数对（即点的坐标）与它对应；反过来，对于任意一个有序实数对，都有平面上唯一的一点与它对应。

有了平面直角坐标系，平面内的点就可以用一个有序实数对来表示，对于

平面内任意一点 P（图 5-2），过点 P 分别向 x 轴、y 轴作垂线，垂足在 x 轴、y 轴上的对应点 m，n 分别叫作点 P 的横坐标、纵坐标，有序实数对（m，n）叫作点 P 的坐标，记作 P（m，n）。一个点在不同的象限或坐标轴上，点的坐标不一样。

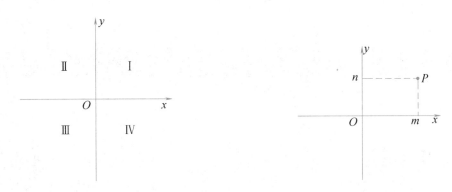

图 5-1　数学中的平面直角坐标系　　　　图 5-2　点的坐标

5.1.3　象限概念

1. 象限规定

x 轴 y 轴将坐标平面分成了四个象限，右上方的部分叫作第一象限，其他三个部分按逆时针方向依次叫作第二象限、第三象限和第四象限，如图 5-1 所示。

象限以数轴为界，横轴、纵轴上的点及原点不在任何一个象限内。一般情况下，x 轴 y 轴取相同的单位长度。

2. 点在不同象限的符号

点在不同象限横坐标，纵坐标符号不同；

第一象限：（＋，＋）正正，第二象限：（－，＋）负正，第三象限：（－，－）负负，第四象限：（＋，－）正负。确定点在平面坐标中的位置，关键是根据不同象限中点的坐标特征去判断，根据题中已知条件，判断纵横坐标是大于 0，小于 0 还是等于 0，就可以确定点在平面中的位置。

5.1.4　点到坐标轴的距离

点 P 的坐标为（x，y），那么 P 点到 x 轴的距离为这点纵坐标的绝对值。

点 P 的坐标为（x，y），那么 P 点到 y 轴的距离为这点横坐标的绝对值。

知识延伸：已知点的坐标可以求出点到 x，y 轴的距离，应注意取相应坐标的绝对值，距离为正值。点 P （x，y）到原点的距离为$\sqrt{x^2+y^2}$。

5.1.5 平面直角坐标系中两点间的距离

已知点 A 的坐标为 （x_A，y_A），点 B 的坐标为 （x_B，y_B），则两点间距离为

$$|AB|=\sqrt{(x_B-x_A)^2-(y_B-y_A)^2}$$ 距离为正值。

5.1.6 例题

1. 在平面直角坐标系中下列各点坐标已知 A （-1，-1），B （2，3），C （3，2），D （-2，2），指出它们分别在哪个象限。

【解】 根据坐标的符号确定所在象限，A 点在第三象限，B，C 两点都在第一象限，D 点在第二象限。

2. 矩形 $OABC$，顶点 O 为坐标原点，点 A 在 x 轴上，B 的坐标为 （2，1），如图 5-3 所示，将矩形 $OABC$ 绕 O 点旋转 180°，旋转后的图形为矩形 $OA_1B_1C_1$，那么 B 点的坐标为 （   ）

A. （2，1）　　　　B. （-2，1）

C. （-2，-1）　　D. （2，-1）

【解】 根据旋转后图形得 B_1 点的坐标为 （-2，-1），选 C。

3. 如图 5-3 所示，矩形 $OABC$，点 A 在 x 轴上，B 的坐标为 （2，1）则点 C 的坐标为 （　　）。

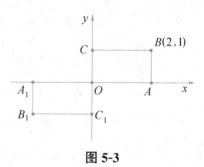

图 5-3

【解】 （0，1）

4. 已知 x 轴上的点 P 到 y 轴的距离为 3，则点 P 的坐标为 （   ）。

A. （3，0）

B. （0，3）

C. （0，3） 或 （0，-3）

D. （3，0） 或 （-3，0）

【解】 选 D

5. 已知点 A 的坐标为 （2，4），点 B 的坐标为 （5，8），则两点间水平距离为 （   ）。

【解】 两点间水平距离为$\sqrt{(5-2)^2+(8-4)^2}=\sqrt{25}=5$

任务 5.2 测量平面直角坐标系

【典型工作任务】

1. 在测量中计算 x 坐标增量是需要用到公式 $\Delta x=D\times\cos\alpha$（$\Delta x$ 为坐标增量，D 为水平距离，α 为方位角）。一直线段 AB 水平距离为 156.356m，AB 的坐标方位角为 $64°12'03''$，使用计算器计算线段 AB 的 x 方向坐标增量。

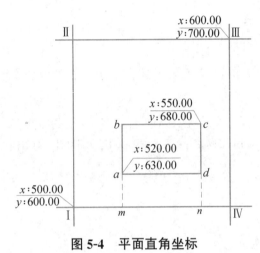

图5-4 平面直角坐标

2. 在测量坐标系中，已知某建筑平面为长方形 $abcd$，边长分别与坐标轴平行或垂直布置，各点坐标如图 5-4 所示。

（1）计算建筑物的长度和宽度。

（2）计算 a 点到 m 点距离 D_{am}。

（3）计算 I 点到 m 点的距离 D_{Im}。

以上两个工程实例都涉及了测量中平面直角坐标问题，如何进行解答将在本节来学习。

5.2.1 测量平面坐标系的定义

一个点的空间的位置，需要 3 个量来表示。在传统的测量工作中，常将地面点的空间位置用其在投影面上的位置（如经纬度或高斯平面直角坐标）和高程表示。由于卫星大地测量的迅速发展，地面点的空间位置也可采用三维的空间直角坐标表示。地面点的平面位置用测量平面直角坐标，在测区较小时可以建立独立的平面直角坐标，也称测量坐标。

测量平面直角坐标系是由平面内两条互相垂直的直线组成的坐标系。测量上将南北方向的坐标轴定为 x 轴（纵轴），x 轴向北为正，向南为负；东西方

向的坐标轴定为 y 轴（横轴），向东为正，向西为负。两轴交点为原点 O，如图 5-5 所示。

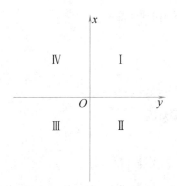

图 5-5 测量平面直角坐标

5.2.2 测量坐标象限

象限从 x 轴北方向起按顺时针方向编号Ⅰ、Ⅱ、Ⅲ、Ⅳ象限，如图 5-5 所示。

规定的象限顺序也与数学上的象限顺序相反，并规定所有直线的方向都是以纵坐标轴北端顺时针方向量度的。这样，使所有坐标平面上的数学公式均可使用，同时又便于测量中的定向和坐标计算。

5.2.3 测量坐标计算的基本公式

1. 坐标增量

如图 5-6 所示，已知 A、B 两点的坐标（x_A、y_A），（x_B、y_B），两点的坐标之差叫作坐标增量，x 坐标差为 x 坐标增量，记做 Δx_{AB}，y 坐标差为 y 坐标增量，记做 Δy_{AB}，两点之间水平距离用大写字母 D 表示，AB 直线方位角用 α_{AB} 表示，则坐标增量计算如下：

$$\Delta x = x_B - x_A = D\cos\alpha_{AB}$$

$$\Delta y = y_B - y_A = D\sin\alpha_{AB}$$

坐标增量有正负之分，增量正负号代表直线所在象限不同。

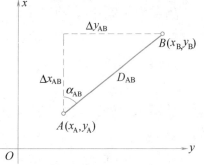

图 5-6 坐标计算示意

直角坐标应用

2. 坐标正算

定义：设已知点 A 的坐标为（x_A、y_A），测得 AB 之间的水平距离 D 及方位角 α_{AB}，推求待定点 B 的坐标（x_B、y_B）。

$\Delta x = D\cos\alpha_{AB}$，

$\Delta y = D\sin\alpha_{AB}$，

$x_B = x_A + \Delta x = x_A + D\cos\alpha_{AB}$

$y_B = y_A + \Delta y = y_A + D\sin\alpha_{AB}$，

3. 坐标反算

定义：已知 A、B 两点的坐标（x_A、y_A），（x_B、y_B），计算两点间的水平距离 D 及直线 AB 方位角 α_{AB} 的过程，如图 5-6 所示。

$$\tan\alpha_{AB} = \frac{\Delta Y_{AB}}{\Delta X_{AB}} = \frac{Y_B - Y_A}{X_B - X_A}$$

$\alpha_{AB} = \arctan\dfrac{\Delta y}{\Delta x}$（根据反三角函数求坐标方位角）

$D = \Delta y_{AB}/\sin\alpha_{AB} = \Delta x_{AB}/\cos\alpha_{AB}$

$D = \sqrt{\Delta x_{AB}^2 + \Delta y_{AB}^2} = \sqrt{(x_B - x_A)^2 + (y_B - y_A)^2}$

5.2.4 例题

1. 单选题

在测量直角坐标系中纵轴为（　　）。

A. x 轴，向东为正　　　　　　　B. y 轴，向东为正

C. x 轴，向北为正　　　　　　　D. y 轴，向北为正

【解】　选 C

2. 单选题

测量坐标系中 y 轴以（　　）方向为正方向。

A. 东　　　　　B. 西　　　　　C. 南　　　　　D. 北

【解】　选 A

3. 计算题

已知 A 点的坐标（30，60），B 点的坐标为（20，90），计算坐标增量 Δx，Δy？

【解】　根据 $\Delta x = x_B - x_A = 20 - 30 = -10$

$\Delta y = y_B - y_A = 90 - 60 = +30$

4. 计算题

已知 A 点的坐标（40，30），B 点的坐标为（70，40）计算 AB 两点水平距离。

【解】　AB 两点水平距离 $D_{AB} = \sqrt{(x_B - x_A)^2 + (y_B - y_A)^2}$

$$= \sqrt{(70-40)^2 + (40-30)^2}$$

$$\approx 31.6$$

5. 单选题

坐标增量是两点平面直角坐标之（　　）。

A. 和　　　　　　B. 差　　　　　　C. 积　　　　　　D. 比

【解】　选 B

项目 6　线面的关系

任务 6.1　平面及其表示法

【典型工作任务】

如图 6-1 所示，柱在图中有几个面？梁柱相交处哪些线段是遮住不画的？

图 6-1

6.1.1　平面

平面和直线一样是无限延展，广阔无垠的，也就是说平面是没有边界的。通常我们看到的平面图形如桌子面，黑板面、墙面等只是平面的一部分，因此广阔无垠的平面无法在纸上全部表现出来，人们通常用平行四边形表示平面。并用小写的希腊字母 α、β、γ 等来表示不同的平面。如图 6-2 中的平面 α、平面 β 等。有时也用平行四边形的顶点的字母来表示一个平面，如图 6-2 的平面 $ABCD$ 或平面 AC。

画一个水平放置的平面时，一般把平行四边形的一角画成 45°，把横边的长画的大约等于邻边的两倍如图 6-2 所示。

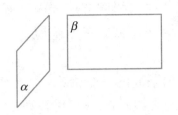 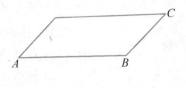

图 6-2

画一个直立的平面时，可以把平面画成矩形或平行四边形。如图 6-2 当一个平面的一部分被另一个平面遮住时，被遮住部分的线段画成虚线或者不画。如图 6-3 所示。

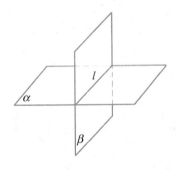 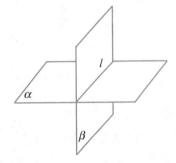

图 6-3

【例 6-1】 写出正方体 $ABCD\text{-}A_1B_1C_1D_1$（图 6-4）的 6 个面。

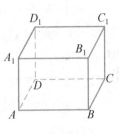

【解】 这 6 个面可以分别表示为：平面 AC、平面 A_1C_1、平面 AB_1、平面 BC_1、平面 CD_1、平面 DA_1。

请换一种方法表示这 6 个面。

图 6-4

6.1.2 平面的基本性质

公理 1 如果一条直线上有两个点在一个平面内，那么这条直线的所有点都在这个平面内，如图 6-5 所示。

公理 2 不共线（不在同一条直线上）的三个点确定一个平面，如图 6-6 所示。

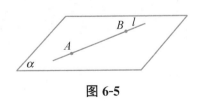 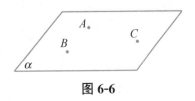

图 6-5　　　　　　　　　　图 6-6

观察：相机三脚架，在它的调节范围内，调节任意一条腿的高度，都可以保证三脚架三点着地，稳定地立在平面上（图 6-7）。

根据公理 2 可以得出下面的三个推论：

推论 1　直线与这条直线外的一点可以确定一个平面，如图 6-8（a）所示。

推论 2　两条相交直线可以确定一个平面（图 6-8b）。

推论 3　两条平行直线可以确定一个平面（图 6-8c）。

图 6-7

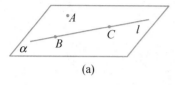
(a)

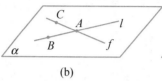
(b)

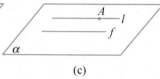
(c)

图 6-8

公理 3　如果两个平面有一个公共点，那么它们相交于经过这个点的一条直线。

如图 6-9 所示，平面 α 与平面 β 相交于点 A，则相交于直线 l，记作 $\alpha \bigcap \beta = l$，此时称这两个平面相交，直线 l 叫作两个平面的交线。

顶棚和墙壁的交线，折纸的痕迹等都说明了两个平面相交是成一条直线的。

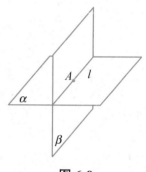

图 6-9

【例 6-2】　在长方体 $ABCD\text{-}A_1B_1C_1D_1$（图 6-10a）中，画出由 A、C、D_1 三点所确定的平面 γ 与长方体的表面的交线。

分析　画两个相交平面的交线，关键是找出这两个平面的两个公共点。

画法　点 A、D_1 为平面 γ 与平面 ADD_1A_1 的公共点，点 A、C 为平面 γ 与平面 $ABCD$ 的公共点，点 C、D_1 为平面 γ 与平面 CDD_1C_1 的公共点，分别

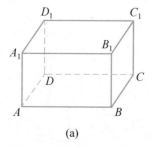
(a)

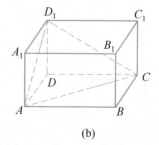
(b)

图 6-10

将这三个点两两连接，得到直线 AD_1、AC、CD_1 就是为由 A、C、D_1 三点所确定的平面 γ 与长方体的表面的交线（图 6-10b）。

任务 6.2 直线与直线的位置关系

【典型工作任务】

如何确定踢脚线与地面的关系（图 6-11）？

直线与直线
位置关系

图 6-11

6.2.1 空间两条直线位置关系

在同一平面内不重合的两条直线，只有相交和平行两种位置关系。空间的两条直线是否也是如此呢？

观察图 6-12 所示的正方体，可以发现：棱 A_1B_1 与 AD 所在的直线，既不相交又不平行，它们不同在任何一个平面内。

不同在任何一个平面内的两条直线叫作异面直线。图 6-12 所示的正方体中直线 A_1B_1 与直线 AD 就是两条异面直线。

两条直线位置关系有以下三种

1. 平行——两条直线在同一平面内，且无公共点。如图 6-13（a）所示。

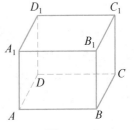

图 6-12

2. 相交——两条直线在同一平面内，有且只有一个公共点。如图 6-13（b）所示。

3. 异面——两条直线不同在任何一个平面内，无公共点。如图 6-13（c）所示。

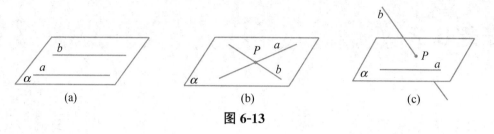

图 6-13

两条异面直线具有下列特征：不平行、不相交、不同在任何一个平面内，因此画异面直线时可以利用平面做衬托，如图 6-14 所示。

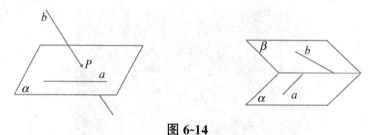

图 6-14

6.2.2 空间的平行直线

在学习平面几何中我们知道平行于同一条直线的两条直线一定平行，这条性质同样也适合于空间图形。

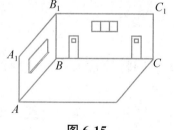

图 6-15

观察教室内相邻两面墙的交线（图 6-15）发现：$AA_1 // BB_1$，$CC_1 // BB_1$，并且有 $AA_1 // CC_1$。

1. 平行线的性质定理：平行于同一条直线的两条直线平行。

我们经常利用这个性质来判断两条直线是否平行。

【例 6-3】 已知空间四边形 $ABCD$ 中，E、F、G、H 分别为 AB、BC、CD、DA 的中点（图 6-16），判断四边形 $EFGH$ 是否为平行四边形？

【解】 连接 BD，因为 E、H 分别为 AB、DH 的中点，所以 EH 为△ABD 的中位线，于是

$$EH // BD \text{ 且 } EH = \frac{1}{2} BD$$

同理可得 $FG /\!/ BD$ 且 $FG = \dfrac{1}{2}BD$

因此　$EH /\!/ FG$ 且 $EH = FG$

故四边形 $EFGH$ 是平行四边形。

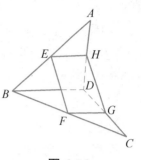

图 6-16

2. 两条平行线之间的距离：在一条直线上任取一点作另一条直线的垂线，这一点与垂足之间的线段的长度叫作这两条平行线之间的距离。两条平行线间的距离处处相等。

如图 6-17 所示，直线 $a /\!/ b$，过直线 a 上任意两点 A、D 做直线 b 的垂线 AB、DC。则 AB、DC 的长度即直线 a、b 的距离，且 $AB = DC$。

3. 等角定理：如果一个角的两边和另一个角的两边分别平行且方向相同，那么这两个角相等。如图 6-18 已知 $BA /\!/ ED$　$BC /\!/ EF$ 且方向相同，

则 $\angle ABC = \angle DEF$

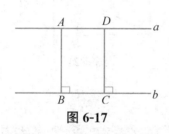

图 6-17

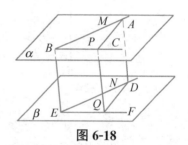

图 6-18

6.2.3　异面直线所成的角

已知两条异面直线 a，b，经过空间任一点 O 作直线 $a' /\!/ a$、$b' /\!/ b$。根据等角定理可知，a' 和 b' 所成角的大小与点 O 位置的选取无关。我们把 a' 和 b' 所成的锐角（或直角）称为异面直线 a 与 b 所成的角（或夹角）（图 6-19）。

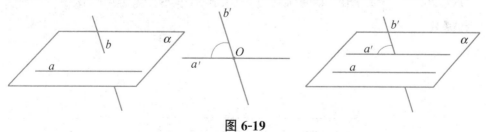

图 6-19

【例 6-4】　在图 6-20 的正方体中，求直线 AA_1 与 CB_1 所成的角。

【解】　因为 $BB_1 /\!/ AA_1$，所以 AA_1 与 CB_1 所成的角就是 BB_1 与 CB_1 所

成的锐角。

又因为∠BB_1C＝45°，所以 AA_1 与 CB_1 所成的角为 45°。

【例 6-5】 如图 6-21 所示的长方体中，∠BAB_1＝30°，求下列异面直线所成的角的度数：

(1) AB_1 与 DC　　　(2) AB_1 与 CC_1

【解】 (1) 因为 $DC\!/\!/AB$，所以∠BAB_1 为异面直线 AB_1 与 DC 所成的角，即所求角为 30°。

(2) 因为 $CC_1\!/\!/BB_1$，所以∠AB_1B 为异面直线 AB_1 与 CC_1 所成的角。

在直角△ABB_1 中∠ABB_1＝90°∠BAB_1＝30°

所以　　　　　　　　∠AB_1B＝90°－30°＝60°

即所求的角为 60°。

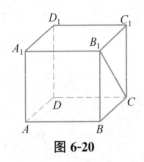

图 6-20

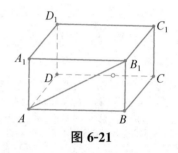

图 6-21

任务 6.3　直线与平面的位置关系

线面的关系

【典型工作任务】

绘图时如何确定丁字尺和图纸水平（图 6-22）?

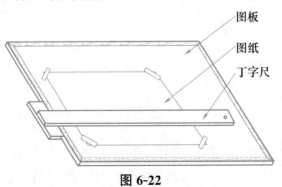

图板

图纸

丁字尺

图 6-22

6.3.1 直线和平面平行

将铅笔放在桌面上，此时铅笔与桌面有无数多个公共点；抬起铅笔的一端，此时铅笔与桌面只有一个公共点；把铅笔放到文具盒（文具盒在桌面上）上面，铅笔与桌面就没有公共点了。

1. 空间直线和平面的位置关系（图 6-23）

（1）直线在平面内——直线上的所有的点都在平面内。

（2）直线与平面相交——直线与平面有一个公共点。

（3）直线与平面平行——直线于平面没有公共点。

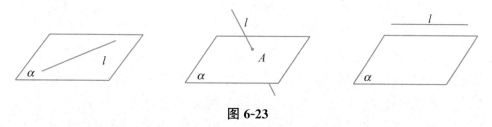

图 6-23

举例：以教室为长方体，教室内顶棚为平面，请找出长方体的棱与平面的三种位置关系。

2. 直线与平面平行的判定定理：如果平面外的一条直线与平面内的一条直线平行，那么这条直线与这个平面平行。

如图 6-24 直线 b 在平面 α 内，$a /\!/ b$ 则 $a /\!/$ 平面 α。

图 6-24   **图 6-25**

【例 6-6】 如图 6-25 所示，长方体 $ABCD\text{-}A_1B_1C_1D_1$ 中，直线 DD_1 平行于平面 BCC_1B_1 吗？为什么？

【解】 在长方体 $ABCD\text{-}A_1B_1C_1D_1$ 中，因为四边形 DCC_1D_1 是长方形，所以 $DD_1 /\!/ CC_1$，又因为 CC_1 在平面 BCC_1B_1 内，DD_1 在平面 BCC_1B_1 外，因此直线 DD_1 平行于平面 BCC_1B_1。

3. 直线与平面平行的性质定理：如果一条直线与一个平面平行，并且经过这条直线的一个平面和这个平面相交，那么这条直线与交线平行。

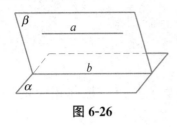

图 6-26

如图 6-26 所示，设直线 b 为平面 α 与平面 β 的交线，直线 a 在平面 β 内且 $a//$平面 α，则 $a//b$。

【例 6-7】 长方体木料如图 6-27 所示，现要经过木料表面 A_1C_1 内的一点 P 和棱 BC 将木料锯开，应怎样画线？

分析：点 P 和棱 BC 确定一个平面 PBC，为了沿平面 PBC 将木料锯开，必须先画出平面 PBC 与木料表面 A_1C_1 的交线 EF，然后连接 EB、FC，即可得到所要画的线段。

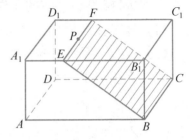

图 6-27

因为 $BC//$平面 A_1C_1，平面 PBC 与平面 A_1C_1 相交于 EF，所以由线面平行性质定理可得 $BC//EF$。又因为 $BC//B_1C_1$，所以 $EF//B_1C_1$（平行线的性质定理）。

【解】 先在木料表面 A_1C_1 内过点 P 画直线 $EF//B_1C_1$，并分别交棱于 E、F 点，再分别连接 EB、FC，即可得到所要画的线段。

思考 将一本长方形的书 $ABCD$ 的一边 AB 紧靠桌面，并使书绕其一边 AB 转动，请问 AB 的对边 CD 在各个位置是否都和桌面平行？为什么？

6.3.2 直线与平面垂直

如果直线 l 和平面 α 内的任意一条直线都垂直，那么就称直线 l 与平面 α 垂直，记作 $l \perp \alpha$。直线 l 叫作平面 α 的垂线，垂线 l 与平面 α 的交点叫作垂足。表示直线 l 和平面 α 垂直的图形时，要把直线 l 画成与平行四边形的横边垂直（图 6-28）。

如图 6-29 所示，$PO \perp \alpha$，线段 PO 叫作垂线段，垂足 O 叫作点 P 在平面 α 内的射影。直线 PA 与平面 α 相交但不垂直，则称直线 PA 与平面 α 斜交，直线 PA 叫作平面 α 的斜线，斜线和平面的交点 A 叫作斜足。点 P 与斜足 A 之间的线段 PA 叫作点 P 到这个平面的斜线段。

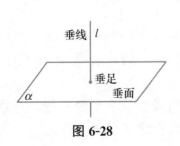

图 6-28

图 6-29

过垂足 O 与斜足 A 的直线 AO 叫作斜线 PA 在平面内的射影。从图上可以看到，从平面外一点向这个平面引垂线段和斜线段，垂线段最短。因此，将从平面外一点 P 到平面 α 的垂线段的长叫作点 P 到平面 α 的距离。

斜线段 PA 和它在平面内的射影 AO 所成的锐角 α，称为这条斜线段所在的斜线与平面所成的角。

直线与平面垂直的判定定理：如果一条直线与一个平面内的两条相交直线都垂直，那么这条直线与这个平面垂直。

如图 6-30 已知直线 a、b 在平面 α 内并相交于 P 点，又 $l \perp a$，$l \perp b$，则 $l \perp \alpha$。

如图 6-31 所示，实践中工人师傅检验一根圆木柱和板面是否垂直。工人师傅的做法是，把直角尺的一条直角边放在板面上，看直角尺的另一条直角边是否和圆木柱吻合，然后把直角尺换个位置，照样再检查一次（应当注意，直角尺与板面的交线，在两次检查中不能为同一条直线）。如果两次检查，圆木柱都能和直角尺的直角边完全吻合，就判定圆木柱和板面垂直。

图 6-30   图 6-31

【例 6-8】 长方体 $ABCD\text{-}A_1B_1C_1D_1$ 中（如图 6-32），直线 AA_1 与平面 $ABCD$ 垂直吗？为什么？

【解】 因为长方体 $ABCD\text{-}A_1B_1C_1D_1$ 中，侧面 ABB_1A_1、AA_1D_1D 都是长方形，所以 $AA_1 \perp AB$，$AA_1 \perp AD$，且 AB 和 AD 是平面 $ABCD$ 内的两条相交直线。由直线与平面垂直的判定定理知，直线 $AA_1 \perp$ 平面 $ABCD$。

直线和平面垂直的性质定理：垂直于同一个平面的两条直线互相平行。

如图 6-33 所示，设 $m \perp \alpha$，$n \perp \alpha$，则 $m /\!/ n$。

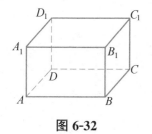

图 6-32

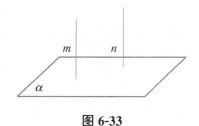

图 6-33

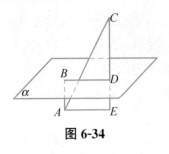

图 6-34

思考 如果两条平行直线中的一条垂直于一个平面，那么另一条也垂直于这个平面吗？为什么？

【例 6-9】 如图 6-34 所示，AB 和 CD 都是平面 α 的垂线，垂足分别为 B、D，A、C 分别在平面 α 的两侧，$AB=4\text{cm}$，$CD=8\text{cm}$，$BD=5\text{cm}$，求 AC 的长。

【解】 因为 $AB \perp \alpha$，$CD \perp \alpha$，所以 $AB /\!/ CD$。因为 BD 在平面 α 内，$AB \perp BD$，$CD \perp BD$。设 AB 与 CD 确定平面 β，在平面 β 内，过点 A 作 $AE /\!/ BD$，直线 AE 与 CD 交于点 E。

在直角三角形 ACE 中，因为 $AE = BD = 5\text{cm}$，

$CE = CD + DE = CD + AB = 8 + 4 = 12$（cm），

所以 $AC = \sqrt{AE^2 + CE^2} = \sqrt{5^2 + 12^2} = 13$（cm）。

任务 6.4 平面与平面的位置关系

【典型工作任务】

用水准仪进行测量时，如何确定仪器是否调平？

6.4.1 平面与平面平行

观察教室中的墙面、地面、屋顶的关系得出平面与平面的位置关系有以下两种：

(1) 平面与平面平行——没有公共点（图 6-35）；

(2) 平面与平面相交——有一条公共直线（图 6-36）。

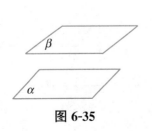

图 6-35

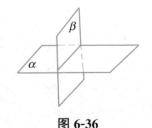

图 6-36

注意　画两个平行平面时要使表示平面的平行四边形的对应边平行如图 6-37 所示。

平面 α 与平面 β 平行，记作 $\alpha // \beta$。

判定两个平面平行可以根据两个平面有没有公共点来确定。也可以根据如下判定定理来判定：

1. 平面与平面平行判定定理：如果一个平面内有两条相交直线都平行于另一个平面，那么这两个平面平行。

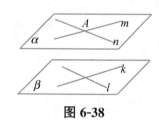

图 6-37

如图 6-37 直线 a 与 b 在平面 α 内且相交，已知 $a // \beta$，$b // \beta$，则 $\alpha // \beta$。

【例 6-10】　如图 6-38 设平面 α 内的两条相交直线 m、n 分别平行于另一个平面 β 内的两条直线 k，l，试判断平面 α、β 是否平行？

图 6-38

【解】　因为 m 在 β 外、k 在 β 内，且 $m // k$，所以

直线 $m //$ 平面 β。

同理可得 直线 $n //$ 平面 β。

由于 m、n 是平面 α 内两条相交直线，故可以判断 $\alpha // \beta$。

用平板仪进行测量时，要先用水准器校正平板是否与地面平行，校正时，把水准器在平板上交叉放置两次，如果水准器的气泡两次都居中，则说明平板和地面平行，为什么（图 6-39）？

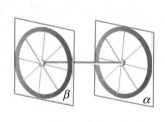

图 6-39　　　　　　　　　　　**图 6-40**

推论 1　如果一个平面内的两条相交直线分别平行于另一个平面内的两条相交直线，那么这两个平面平行。

推论 2　垂直于同一条直线的两个平面平行。

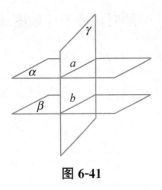

图 6-41

两个平行平面间垂直线段的长度叫作两个平行平面的距离。如图 6-40 两个车轮都垂直于轴则两个车轮平行，夹在两个车轮之间车轴的长度即两个车轮的距离。

2. 平面与平面平行性质定理：如果两个平行平面同时和第三个平面相交，那么它们的交线平行。

如图 6-41 所示，如果 $\alpha /\!/ \beta$，平面 γ 与 α、β 都相交，交线分别为 a、b，那么 $a /\!/ b$。

6.4.2　二面角及其平面角

在白纸上画出一条线，沿着这条线将白纸对折，然后打开进行观察。

平面内的一条直线把平面分成两部分，每一部分叫作一个半平面。

从一条直线出发的两个半平面所组成的图形叫作二面角。这条直线叫作二面角的棱，这两个半平面叫作二面角的面。如图 6-42 以直线 l（或 AB）为棱，两个半平面分别为 α、β 的二面角，记作二面角 α-l-β（或 α-AB-β）。

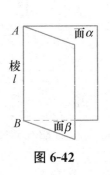

图 6-42

二面角的大小用它的平面角衡量。过棱上的一点，分别在二面角的两个面内作与棱垂直的射线，以这两条射线为边的最小正角叫作二面角的平面角。

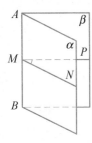

图 6-43

如图 6-43 以二面角 α-AB-β 的棱 AB 上任意一点 M 为端点，在两个面 α，β 内分别作垂直于棱的射线 MN，MP，则称 $\angle NMP$ 为这个二面角的平面角。

二面角的平面角的大小由 α、β 的相对位置所决定，与顶点在棱上的位置无关，当二面角给定后，它的平面角的大小也就随之确定。因此，二面角的大小用它的平面角来度量，二面角的平面角是多少度，就说二面角是多少度。当二面角的两个半平面重合时，规定二面角为零角；当二面角的两个半平面合成一个平面时，规定二面角为平角。因此二面角取值范围是 [0°，180°]。平面角为 90° 的二面角称为直二面角。

【例 6-11】 在正方体 $ABCD$-$A_1B_1C_1D_1$ 中（图 6-44），求二面角 D_1-AD-B 的大小。

【解】 AD 为二面角的棱，AA_1 与 AB 是分别在二面角的两个面内并且与棱 AD 垂直的射线，所以 $\angle A_1AB$ 为二面角 D_1-AD-B 的平面角，因为在正方体 $ABCD$-$A_1B_1C_1D_1$ 中，$\angle A_1AB$ 是直角，所以二面角 D_1-AD-B 为 $90°$。

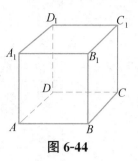

图 6-44

6.4.3 平面与平面垂直

两个平面相交，如果所成的二面角是直二面角，则称这两个平面互相垂直。

如图 6-45 平面 α 和 β 垂直，记作 $\alpha \perp \beta$。

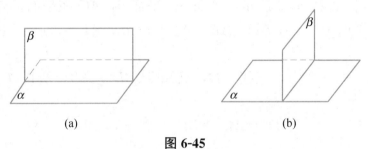

(a)   (b)

图 6-45

平面与平面垂直的判定定理 如果一个平面经过另一个平面的垂线，那么这两个平面互相垂直。

如图 6-46 $AB \perp \alpha$，β 经过 AB，则 $\alpha \perp \beta$。

建筑工人在砌墙时，常用一端系有铅锤的线来检查所砌的墙是否与水平面垂直，这是为什么（图 6-47）？

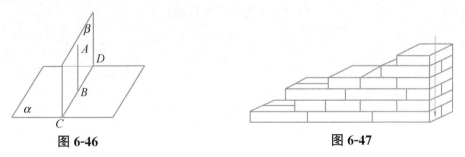

图 6-46   图 6-47

【例 6-12】 在正方体 $ABCD$-$A_1B_1C_1D_1$（图 6-48）中，判断平面 B_1AC 与平面 BB_1D_1D 是否垂直。

【解】 在正方体 $ABCD$-$A_1B_1C_1D_1$ 中，$BB_1 \perp$ 平面 $ABCD$，所以 $BB_1 \perp AC$，在底面正方形 $ABCD$ 中，$BD \perp AC$，因此 $AC \perp$ 平面 BB_1D_1D。

因为 AC 在平面 B_1AC 内，所以平面 B_1AC 与平面 BB_1D_1D 垂直。

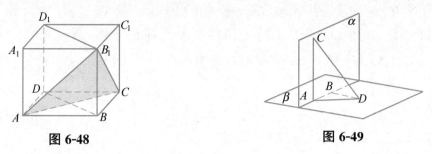

图 6-48　　　　　　　　　　　　　　　图 6-49

平面与平面垂直的性质定理：如果两个平面垂直，那么一个平面内垂直于交线的直线与另一个平面垂直。

如图 6-49 所示，如果 $\alpha\perp\beta$，CA 在 α 内，且 $CA\perp AB$ 那么 $CA\perp\beta$。

【例 6-13】　如图 6-49 所示，平面 $\alpha\perp$ 平面 β，AC 在平面 α 内，且 $AC\perp AB$，BD 在平面 β 内，且 $BD\perp AB$，$AC=12\mathrm{cm}$，$AB=3\mathrm{cm}$，$BD=4\mathrm{cm}$，求 CD 的长。

【解】　在平面 β 内，连接 AD，又由于 $BD\perp AB$，所以在直角三角形 ABD 中，

$$AD^2=AB^2+BD^2=3^2+4^2=25$$

故　　　　　　　　　　　　$AD=5$（cm）

因为 $\alpha\perp\beta$，AC 在平面 α 内，且 $AC\perp AB$，AB 为平面 α 与 β 的交线，所以 $AC\perp\beta$。

因此 $AC\perp AD$。

在直角三角形 ACD 中，

$$CD^2=AC^2+AD^2=12^2+5^2=169，$$

故　　　　　　　　　　　　$CD=13$（cm）

项目 7　三视图和直观图

三视图和直观图

【典型工作任务】

1. 练习绘制台阶的三视图（图 7-1）。
2. 根据三视图绘制台阶的轴测图（图 7-2）。

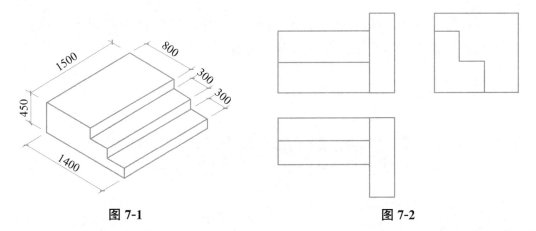

图 7-1　　　　　　　　　　　　　　图 7-2

任务 7.1　投影

一般用光线照射物体，在某个平面上的得到的影子叫物体的投影。照射光线称为投影线，投影所在的平面称为投影面。

投影 {
中心投影：一束光线由一点出发向外散射形成的投影。
平行投影：一束平行光线照射下形成的投影。

1. 平行投影与中心投影的区别与联系

（1）平行投影的投影线都互相平行如图 7-3，中心投影的投影线是由一个点出发的如图 7-4 所示（太阳光线为平行光线；手电筒、路灯，探照灯、投影仪、放映机的灯光等为点光源）。

（2）中心投影和平行投影都是空间图形的基本画法。平行投影下同一时刻所有的影子朝同一方向，且高与影子之比都相等，相当于"全等"。中心投影

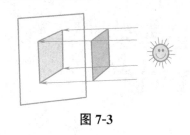

图 7-3

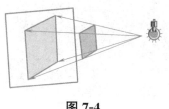

图 7-4

后的图形与原图形相比改变很多，相当于"相似"，但直观性强，看起来与人的直观视觉效果一致。

（3）画实际效果图时一般用中心投影法，画立体几何的图形时一般用平行投影法。

平行投影又分为斜投影和正投影两种。当投影线倾斜于投影面时称斜投影；当投影线垂直于投影面时称正投影。如图 7-5 所示。

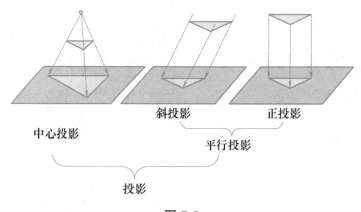

图 7-5

工程图样一般都是采用正投影。

2. 正投影的特性

（1）当直线段平行于投影面时，直线段与它的投影及过两端点的投影线组成一个矩形，因此，直线的正投影长等于直线段的实长如图 7-6（a）。当平面图形平行于投影面时，平面图形与它的投影为全等图形，即反映平面图形的实形。

平行于投影面的直线或平面图形，在该投影面上的投影反映线段的实长或平面图形的实形，这种投影特性称为**真实性**。

（2）当直线倾斜于投影面时如图 7-6（b）所示，直线的投影仍为直线，但不反映实际长度；当平面图形倾斜于投影面时，在该投影面上的投影为原图形的类似形。注意：类似形并不是相似形，它和原图形只是边数相同、形状类似，圆的投影为椭圆。这种投影特性称为**类似性**。

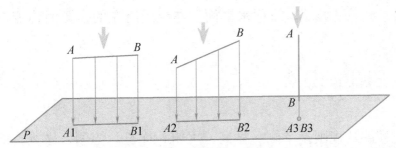

(a) 直线段平行于投影面 (b) 直线段倾斜于投影面 (c) 直线段垂直于投影面

图 7-6

（3）当直线或平面图形垂直于投影面时如图 7-6（c）所示，它们在该投影面上的投影积聚成一点或一直线，这种投影特性称为**积聚性**。

正投影的画法是过物体的关键点作投影面的垂线，再依次连接各垂足得物体的正投影。

任务 7.2 三视图

7.2.1 概念

1. 三视图以主视图、俯视图和左（侧）视图方式来表现空间几何体的结构叫作空间几何体的三视图。

2. 组成

（1）主视图：光线自物体的前面向后面正投影所得的投影图。

（2）俯视图：光线自物体的上面向下面正投影所得的投影图。

（3）左视图：光线自物体的左面向右面正投影所得的投影图。

如图 7-7 所示是一个长方体的三视图。

3. 主视图所在的投影面称为正立投影面，简称正面，俯视图所在

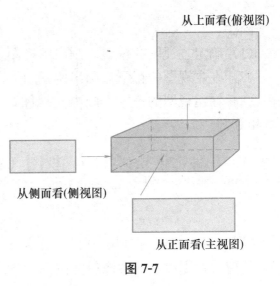

从上面看(俯视图)

从侧面看(侧视图)

从正面看(主视图)

图 7-7

的投影面称为水平投影面，简称水平面。左视图所在的投影面称侧立投影面，简称侧面。

7.2.2 画三视图的规则

1. 画三视图的规则是主侧一样高，主俯一样长，俯侧一样宽，即正视图、侧视图一样高，主视图、侧视图一样长，俯视图、侧视图一样宽。

2. 画三面视图时应注意：被挡住的轮廓线画成虚线，能看见的轮廓线和棱用实线表示，不能看见的轮廓线和棱用虚线表示，尺寸线用细实线标出；D 表示直径，R 表示半径；单位不注明按毫米计。

3. 对于简单的几何体，如一块砖，向两个互相垂直的平面作正投影，就能真实地反映它的大小和形状。一般只画出简单几何体的主视图和俯视图（二视图），对于复杂的几何体，二视图可能还不足以反映它的大小和形状，还需要更多的投射平面，需要三视图等（图7-8、图7-9）。

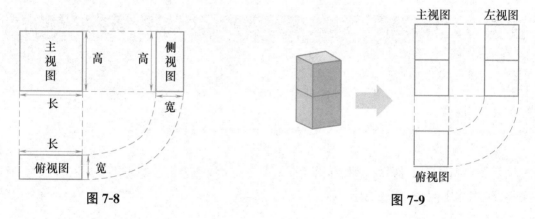

图 7-8　　　　　　　　　　　　　　　　图 7-9

画法：

（1）确定主视图的位置，画出主视图。

（2）在主视图的正下方画出俯视图，注意与主视图"长对正"。

（3）在主视图的正右方画出左视图，注意与主视图"高平齐"，与俯视图"宽相等"。

7.2.3 几种常见几何体的三视图（表7-1）

【例7-1】 指出图7-10中的三视图表示的几何体。

【解】 根据以上三视图得如图7-11所示。

表 7-1

几何体名称	几何体	主视图	左视图	俯视图
长方体		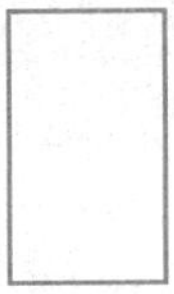	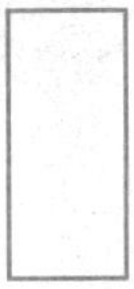	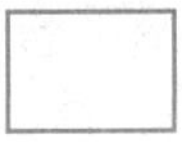
圆柱	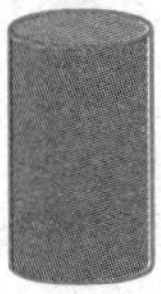	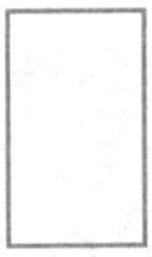	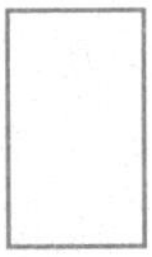	
三棱锥	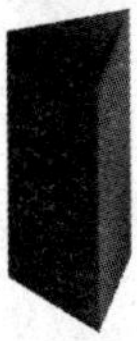	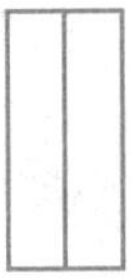	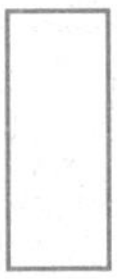	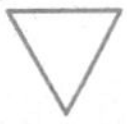
四棱锥	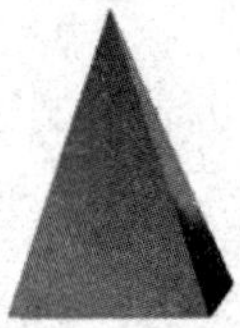	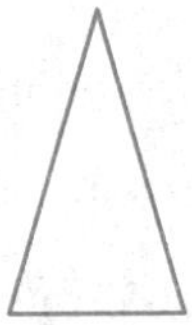	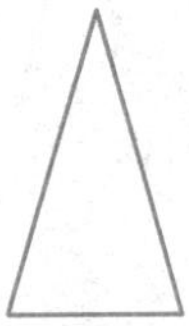	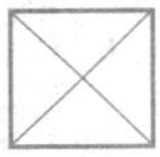

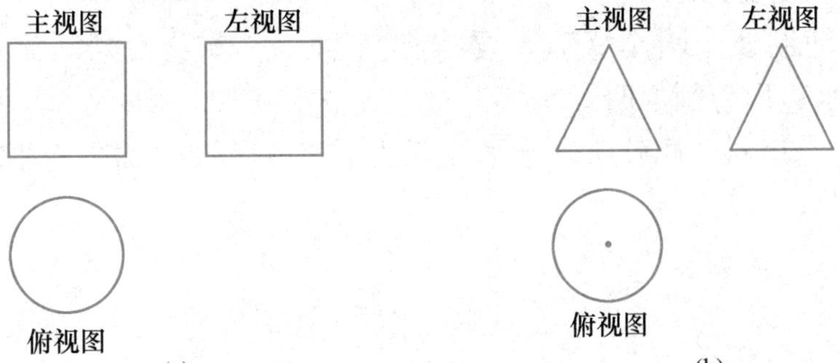

图 7-10

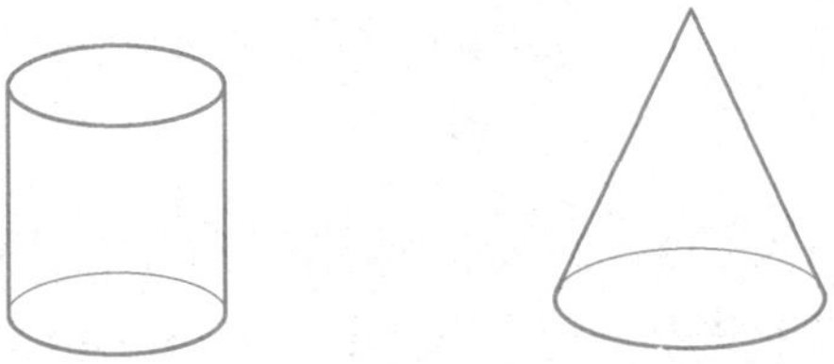

图 7-11

任务 **7.3** 空间几何体的直观图

直观图的概念：把空间图形画在平面内，画得既富有立体感，又能表达出图形各主要部分的位置关系和度量关系的图形，叫作空间图形的直观图。即表示空间图形的平面图形。一般采用的画法为斜二测法。

7.3.1 斜二测画法画水平放置的平面图形的直观图

步骤：

1. 建立直角坐标系，在已知水平放置的平面图形中取互相垂直的 OX，OY，建立直角坐标系。

2. 画出斜坐标系，在画直观图的纸上（平面上）画出对应的 $O'X'$，$O'Y'$，使 $\angle X'O'Y' = 45°$（或 $135°$），它们确定的平面表示水平平面。

3. 画对应图形，在已知图形平行于 x 轴的线段，在直观图中画成平行于 x' 轴，且长度保持不变；在已知图形平行于 y 轴的线段，在直观图中画成平行于 y' 轴，且长度变为原来的一半。

4. 擦去辅助线，图画好后，要擦去 x 轴、y 轴及为画图添加的辅助线（虚线）。以六边形为例说明。

【例 7-2】 用斜二测画法画水平放置的正六边形的直观图（图 7-12）。

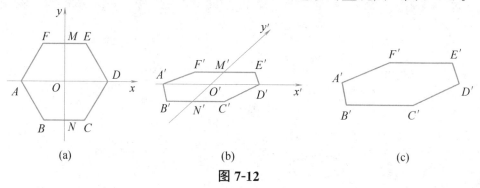

| (a) | (b) | (c) |

图 7-12

步骤：（1）如图 7-12（a），在正六边形 $ABCDEF$ 中，取 AD 所在直线为 x 轴，对称轴 MN 所在直线为 y 轴，两轴相交于点 O。在图 7-12（b）中，画相应的 x' 轴与 y' 轴，两轴相交于点 O'，使 $\angle X'O'Y' = 45°$。

（2）在图 7-12（b）中，以 O' 为中点，在 x' 轴上取 $A'D' = AD$，在 y' 轴

上取 $M'N'=\dfrac{1}{2}MN$。以点 N' 为中点，画 $B'C'$ 平行于 x' 轴，并且等于 BC；再以 M' 为中点，画 $E'F'$ 平行于 x' 轴，并且等于 EF。

（3）连接 $A'B'$，$C'D'$，$D'E'$，$F'A'$ 并擦去辅助线 x' 轴和 y' 轴，便获得正六边形 $ABCDEF$ 水平放置的直观图 $A'B'C'D'E'F'$（图 7-12c）。

7.3.2　空间图形直观图的斜二测画法

画立体图形的直观图与画水平放置的平面图形相比多了一个与 x 轴 y 轴都垂直的 z 轴，且平行于 z 轴的线段其平行性和长度不变，其直观图中平面 $X'O'Y'$ 表示水平面，平面 $X'O'Z'$ 和 $Y'O'Z'$ 表示直立平面，具体画法步骤以以下例题说明。

【例 7-3】　用斜二测画法画长 4cm、宽 3cm、高 2cm 的长方体 $ABCD$-$A'B'C'D'$ 的直观图。

画法步骤：

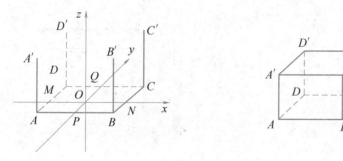

图 7-13

（1）画轴。如图 7-13 所示，画 x 轴、y 轴、z 轴，三轴相交于点 O，使 $\angle XOY=45°$，$\angle XOZ=90°$。

（2）画底面。以点 O 为中点，在 x 轴上取线段 MN，使 $MN=4\text{cm}$；在 y 轴上取线段 PQ，使 $PQ=\dfrac{3}{2}\text{cm}$。分别过点 M 和 N 作 y 轴的平行线，过点 P 和 Q 作 x 轴的平行线，设它们的交点分别为 A，B，C，D，四边形 $ABCD$ 就是长方体的底面 $ABCD$。

（3）画侧棱。过 A，B，C，D 各点分别作 z 轴的平行线，并在这些平行线上分别取 2cm 长的线段 AA'，BB'，CC'，DD'。

（4）成图。顺次连接 A'，B'，C'，D'，并加以整理（去掉辅助线，将被遮挡的部分改为虚线），就得到长方体的直观图。

项目 8　常用量纲及单位换算、比例的计算与应用

任务 **8.1**　常用量纲及单位的换算

【典型工作任务】

1. 首层室内地坪标高为±0.000，室内外高差 450mm，窗台高 900mm，首层层高 3600mm，窗的尺寸 1500mm×2000mm，如图 8-1 所示，请在图 8-1

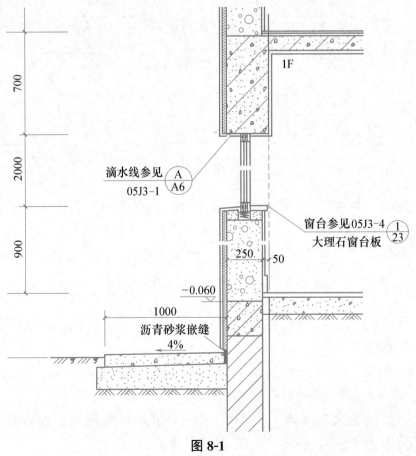

图 8-1

中标出：室外地坪标高，窗台标高，窗口上皮的标高，二层楼面标高。

2. 加气混凝土的密度为 $2.55 \mathrm{g/cm^3}$，气干表观密度为 $500 \mathrm{kg/m^3}$，其孔隙率应为（　　）。

　　A. 19.6% 　　　B. 94.9% 　　　C. 5.1% 　　　D. 80.4%

3. 某建筑物首层地面标高为 ± 0.000，其绝对高程为 46.000m；室外散水标高为 -0.550m，则其绝对高程为（　　）m。

　　A. -0.550 　　B. 45.450 　　　C. 46.550 　　　D. 46.000

4. 闭合导线内角的观测值分别为 $138°23'45''$，$113°19'32''$，$93°56'21''$，$144°08'12''$，$50°11'38''$，则该导线的角度闭合差为（　　）。

　　A. $+32''$ 　　　B. $-32''$ 　　　C. $+28''$ 　　　D. $-28''$

以上工程实例都涉及了量纲和单位换算问题，如何解答呢，我们本节来进行学习。通俗地说，量纲就是物理量的单位。量指的就是物理量，例如质量、长度、时间、体积、密度等；纲就是规范；量纲就是单位物理量的表达。单位换算是指同一性质的不同单位之间的数值换算。常用的单位换算有长度单位换算、重量（质量）单位换算、面积单位换算、体积单位换算、密度单位换算等。

8.1.1　长度及其单位

长度单位是指丈量空间距离上的基本单元，是人类为了规范长度而制定的基本单位。其国际单位是"米"（符号"m"），常用单位有千米（km）、米（m）、分米（dm）、厘米（cm）、毫米（mm）、微米（μm）、纳米（nm）等。长度单位在各个领域都有重要的作用。

单位换算1

长度相邻单位进率是10：

1 千米＝1000 米

1 米＝10 分米

1 分米＝10 厘米

1 厘米＝10 毫米

在工程实践中，最常用的单位是米和毫米：

1 米＝1000 毫米

1 毫米＝1000 微米

总结：

　　毫 m＝10^{-3} 　　　微 μ＝10^{-6} 　　　纳 n＝10^{-9}

　　千 k＝10^{3} 　　　兆 M＝10^{6}

$$1m=10^{-3}km=10dm=10^2 cm=10^3 mm=10^6 \mu m=10^9 nm$$

【例 8-1】 填空

(1) 3 米 =（   ）毫米　　　　　(2) 50 毫米 =（   ）厘米

(3) 4 米 7 厘米 =（   ）毫米　　　(4) 3 米 610 毫米 =（   ）毫米

(5) 5 米 16 厘米 =（   ）米　　　　(6) 1.5 米 +200 毫米 =（   ）毫米

(7) 150 毫米 +213 毫米 =（   ）毫米 =（   ）米

(8) 1 米 -54 厘米 =（   ）厘米

【解】　分析大单位换算成小单位乘以相应的进率，反之除以相应的进率。依此换算方法得以下结果：

(1) 3000　　(2) 5　　(3) 4070　　(4) 3610

(5) 5.16　　(6) 1700　　(7) 363　0.363　　(8) 46

8.1.2　高度及其单位

标高是以某一水平面作为基准面，并作零点（水准原点）算起，其他水平面（如楼面、地面）至基准面的垂直高度。

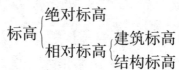

绝对标高：是以一个国家或地区统一规定的基准面作为零点的标高。我国规定以青岛附近黄海平均海平面作为标高零点所确定的标高称为绝对标高（亦称为绝对高程）。

相对标高：以建筑物首层主要房间室内地面作为标高的零点（注写成 ±0.000），所确定的标高称为相对标高。

建筑标高：在相对标高中，凡是包括装饰层厚度的标高，称为建筑标高，注写在构件的装饰层面上。

结构标高：在相对标高中，凡是不包括装饰层厚度的标高，称为结构标高，注写在构件的上表面。

建筑标高与结构标高的关系如图 8-2 所示。

标高是建筑各部分的竖向尺寸的另外一种表示方法，见图 8-3 举例。表达竖向尺寸时往往既标尺寸又标注建筑相关的标高，其他一般都只标尺寸。

【标高标注的规范画法】

1. 标高符号应以直角等腰三角形表示，高度为 3mm 左右；

2. 总平面图室外地坪标高符号，宜用涂黑的三角形表示；

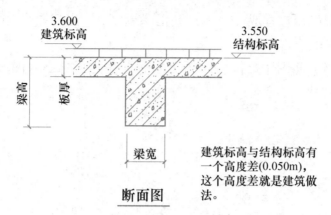

断面图

建筑标高与结构标高有一个高度差(0.050m)，这个高度差就是建筑做法。

图 8-2 建筑标高与结构标高的关系

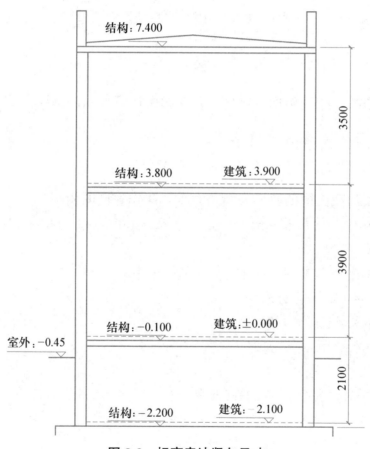

图 8-3 标高表达竖向尺寸

3. 标高符号的尖端应指至被注高度的位置，尖端一般应向下，也可向上，标高数字应注写在标高符号的左侧或右侧、上方或右上方；

4. 标高数字应以米为单位，注写到小数点以后第三位，在总平面图中，可注写到小数字点以后第二位；

5. 零点标高应注写成±0.000，正数标高不注"＋"，负数标高应注"－"，例如 3.000、－0.600；

6. 在标准层平面图中，同一位置可同时标注几个标高（图 8-4）。

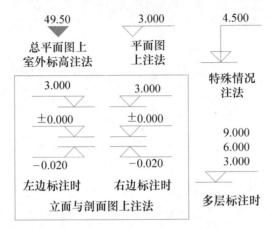

图 8-4

练习 用细实线绘制标高符号，并在图中进行标高的标注。

8.1.3 面积及其单位

物体的表面或围成的图形表面的大小，叫作它们的**面积**。

常用单位有：平方米（m^2）、平方分米（dm^2）、平方厘米（cm^2）、平方毫米（mm^2）

相邻单位进率是 100，是对应长度单位进率的平方。

1 平方米＝100 平方分米

1 平方分米＝100 平方厘米

1 平方厘米＝100 平方毫米

【例 8-2】 填空题

（1）18 平方米＝（　　）平方分米

（2）3000 平方毫米＝（　　）平方厘米

（3）2.6 平方米＝（　　）平方厘米

（4）7254 平方毫米＝（　　）平方米

（5）8 平方米＝（　　）平方毫米

（6）50 平方厘米＋300 平方毫米＝（　　）平方毫米

（7）6 平方米 15 平方分米＝（　　）平方米

【解】 面积单位相邻单位的进率是 100，所以相邻单位的换算是乘以 100

或除以100，依此得以下结果：

(1) 1800　　(2) 30　　(3) 26000　　(4) 0.007254

(5) 8000000　　(6) 5300　　(7) 6.15

8.1.4　体积及其单位

体积或称容积、容量是指物质或物体所占空间的大小。

体积常用单位：立方米（m³）、立方分米（dm³）、立方厘米（cm³）、立方毫米（mm³）

容积常用单位：升（L）、毫升（mL）

1 立方分米＝1 升

1 立方厘米＝1 毫升

相邻单位进率是1000，是对应长度单位进率的立方。

1 立方米＝1000 立方分米

1 立方分米＝1000 立方厘米

1 立方厘米＝1000 立方毫米

1 升＝1000 毫升

【例 8-3】　填空

(1) 7.06 立方米＝(　　) 立方分米

(2) 8506 立方分米＝(　　) 立方米

(3) 8.58 立方分米＝(　　) 立方厘米

(4) 5430 立方厘米＝(　　) 立方分米

(5) 15 升＝(　　) 立方分米＝(　　) 立方厘米

(6) 3650 毫升＝(　　) 立方米

(7) 3.05 升＝(　　) 毫升

【解】　体积和容积相邻单位的进率都是1000，计算时要乘以1000 或除以1000，另外要注意体积和容积之间的关系：毫升对应的是立方厘米。

(1) 7060　　(2) 8.506　　(3) 8580　　(4) 5.43

(5) 15　15000　　(6) 0.00365　　(7) 3050

单位的换算 2

8.1.5　质量及其单位

质量 m 是指物体所含物质的多少，重量 G 是在地心引力的作用下，物体所具有的向下的、指向地心的力的大小，称为"重力 G"。质量 m 与重量 G 不同，在地球引力下，重量等于质量乘以重力加速度 $G=mg$。

同一物体，用测力计测出的是物体的重量，用天平测出的是物体的质量。

常用的质量单位有：微克（μg）、毫克（mg）、克（g）、千克（kg）、吨（t）等。

1 吨＝1000 千克　　　　1 千克＝1000 克

1 克＝1000 毫克　　　　1 毫＝1000 微克

相邻单位进率是 1000

【例 8-4】

(1) 40 吨＝（　　）千克　　　　　　(2) 5000 克＝（　　）千克

(3) 9000kg＝（　　）t　　　　　　　(4)（　　）吨＝3000 千克

(5) 8.04 吨＝（　　）吨（　　）千克

(6) 5400 千克＝（　　）吨（　　）千克

【解】　(1) 40000　　　(2) 5　　　(3) 9

　　　　(4) 3　　　(5) 8，40　　　(6) 5，400

8.1.6　密度的换算

密度的换算，实际是质量和体积的换算结合，$1g/cm^3＝1000kg/m^3$

例如：加气混凝土的密度为 $2.55g/cm^3＝2550kg/m^3$，

气干表观密度为 $500kg/m^3＝0.5g/cm^3$，

在计算孔隙率时，单位必须一致才能进行公式的计算。

名词解释：孔隙率：是指在总的表观体积里，孔隙的体积所占的比例，公式就是 1－表观密度/实际密度。

【例 8-5】

加气混凝土的密度为 $2.55g/cm^3$，气干表观密度为 $500kg/m^3$，其孔隙率应为（　　）。

A. 19.6%　　　B. 94.9%　　　C. 5.1%　　　D. 80.4%

【解】　选 D　$500kg/m^3＝0.5g/cm^3$

孔隙率＝1－表观密度/实际密度＝$(1－0.5/2.55)＝0.804＝80.4\%$

8.1.7　角度及其单位

角可以看作是在平面内由一条射线绕着它的端点旋转而成的图形。如图 8-5 所示的角可以看作是射线 OA 绕着它的端点 O 旋转到另一个位置 OB 所形成的图形。射线的端点 O 叫作角的顶点，旋转开始时的位置 OA 叫作角的始边，旋转终止时的位置 OB 叫作角的终边。

角的表示方法：（1）可以用三个大写的英文字母表示，且顶点的字母必须写在中间，其他两个可以交换位置，如图 8-5 可以写成 $\angle AOB$，也可以写成 $\angle BOA$。

（2）当角的顶点只有一个角时可以用一个大写的英文字母表示。图 8-5 可以表示为 $\angle O$。

（3）在角的内部画弧线可以用小写的希腊字母 α、β、$\gamma \cdots$ 或单独的数字 1、2、3 $\cdots$ 表示，如图 8-5 可以说角 α、图 8-6 可以说 $\angle 1$。

图 8-5   图 8-6

角的度量：在角度制下度量角的大小的单位有度（°）、分（′）、秒（″）。单位转换采用的是 60 进制。

即   1 度＝60 分，1 分＝60 秒。

【例 8-6】 把度换算成度、分、秒（由大单位换算成小单位乘以 60 即可）。

（1）$1.2°$ （2）$25.71°$

【解】 （1）$1.2°=1°+0.2\times60'=1°12'$

（2）$25.71°=25°+0.71°$

$0.71°\times60=42.6'$

$\qquad\qquad =42'+0.6'$

$0.6'\times60=36''$

即 $25.71°=25°42'36''$

【例 8-7】 把度、分、秒换算成度（由小单位换算成大单位除以 60 即可）。

（1）$12'$ （2）$12°14'36''$

【解】

（1）$12'=12'\div60=0.2°$

（2）$12°14'36''=12°14'+36''\div60$

$\qquad\qquad\quad =12°+14.6'$

$\qquad\qquad\quad =12°+14.6'\div60$

$\qquad\qquad\quad =12°+0.243°$

$$=12.243°$$
即 $12°14'36''=12.243°$

8.1.8　强度及其单位

强度指外力（荷载）的作用下材料抵抗破坏的能力，是单位面积上承受的力。抗拉强度、抗压强度、抗剪强度计算的公式为力除以受力面积：

$$f=\frac{F}{A}$$

式中　f——材料的强度（MPa）；

F——破坏荷载（N）；

A——受荷面积（mm^2）

强度的单位为牛每平方毫米，即兆帕

$$MPa=N/mm^2$$

【例 8-8】　立方体混凝土试块边长 100mm，承受 310kN 的压力时出现破坏，抗压强度为多少兆帕？

【解】　$f=\dfrac{F}{A}=\dfrac{310\times1000}{100\times100}=31$（MPa）

另外：常用的单位换算：1m/s＝3.6km/h

$1kV=10^3V$　　　$1MV=10^6V$

$1k\Omega=10^3\Omega$

1m 水柱＝10kPa

一个标准大气压＝1.013×10^5Pa

任务 8.2　比例的计算与应用

比例

【典型工作任务】

1. 某建筑工地挖一个长方形的地基，把它画在比例尺是 1∶2000 的平面图上，长是 6cm，宽是 4cm，这块地基的实际面积是多少？

2. 某学生宿舍楼，开间为 3.6m，进深为 5.4m，按 1∶50 的比例绘制一张建筑施工图，则图纸中开间、进深应绘制成多少毫米？

3. 比例尺为 1：2000 的地形图的比例尺精度是（　　）。

A. 2m　　　B. 0.2m　　　C. 0.02m　　　D. 0.002m

4. 混凝土的设计配合比＝303：632：1289：173，试化简。

以上工程实例都涉及了比例、比例尺等比例的计算问题，如何解答呢，我们本节来进行学习。

8.2.1　比例尺及其计算

比例尺是表示图上一条线段的长度与地面相应线段的实际长度之比。

公式为：比例尺＝图上距离与实际距离的比。

比例尺有三种表示方法：数字式比例尺、图示比例尺和文字比例尺。本节主要讲数字比例尺及其计算。

一般大比例尺地图，内容详细，几何精度高，可用于图上测量。小比例尺地图，内容概括性强，不宜于进行图上测量。

根据地图上的比例尺，可以量算图上两地之间的实地距离；根据两地的实际距离和比例尺，可计算两地的图上距离；根据两地的图上距离和实际距离，可以计算比例尺。

【例 8-9】　在一幅地图上，5cm 长的线段表示 8km 的实际距离，这幅地图的比例尺是多少？

【解】　根据公式　　$比例尺＝\dfrac{图上距离}{实际距离}$

实际距离＝8km＝8000m＝800000cm

图上距离＝5cm

则　　$比例尺＝\dfrac{图上距离}{实际距离}＝\dfrac{5}{800000}＝\dfrac{1}{160000}＝1：160000$

即这幅地图的比例尺是 1：160000。

【例 8-10】　某建筑工地挖一个长方形的地基，把它画在比例尺是 1：2000 的平面图上，长是 6cm，宽是 4cm，这块地基的实际面积是多少？

【解】　根据公式　　$比例尺＝\dfrac{图上距离}{实际距离}$

$$实际距离＝\dfrac{图上距离}{比例尺}$$

∵图纸上的比例尺是 1：2000

$$实际距离=\frac{图上距离}{\frac{1}{2000}}=图上距离\times2000$$

∴实际的长＝6×2000＝12000cm＝120m

宽＝4×2000＝8000cm＝80m

则这块地基的实际面积＝120×80＝9600m²。

总结：在进行比例尺的计算时如果比例尺用 $1:x$ 的形式表示，则：

(1) 已知图上距离求实际距离，则实际距离＝图上距离×x

(2) 已知实际距离求图上距离，则图上距离＝实际距离÷x

【例 8-11】 某小学有一块长 120m、宽 80m 的长方形操场，画在比例尺为 1：4000 的平面图上，长和宽各应画多少厘米？

【解】 ∵图纸的比例尺是 1：4000

∴图上距离＝实际距离÷4000

∴操场在图纸上应画长＝120m÷4000＝0.03m＝3cm

宽＝80m÷4000＝0.02m＝2cm

即长方形操场画在地图上应画长 3cm，宽 2cm。

名词解释：比例尺精度：在地形图中，0.1mm 所代表的实际长度即为比例尺精度。肉眼可辨识长短差别的最小尺寸一般为 0.1mm，它所代表的实际长度即为比例尺精度。

【例 8-12】 比例尺为 1：2000 的地形图的比例尺精度是（   ）。

A. 2m   B. 0.2m   C. 0.02m   D. 0.002m

【解】 地形图中 0.1mm 所代表的实际长度为 200mm，换算为米为 0.2m。故选 B。

8.2.2　比例的计算

比例的运算特点：同乘以或除以同一个数时，比例不变。

例如：3：9＝1：3

1：100＝100：10000

因此，在混凝土的配合比计算时，可以利用这一特性，进行连比的化简，每个数同乘以或除以一个数，连比不变。化简为第一项是 1，也就是水泥质量为 1 份。

【例 8-13】 混凝土的设计配合比＝303：632：1289：173，试化简。

【解】 303：632：1289：173

$$=1:2.09:4.25:0.57$$

　　每一项都除以303，连比不变，化简后的含义为：水泥质量为1份，砂质量为2.09份，石子的质量为4.25份，水的质量为0.57份，即水灰比为0.57。

【例8-14】　如图8-7所示，三个电阻并联，已知：$R_1=10\Omega$，$R_2=20\Omega$，$R_3=30\Omega$，求等效电阻R。

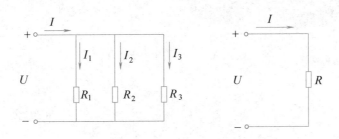

图8-7　三个电阻并联电路

【解】　$\dfrac{1}{R}=\dfrac{1}{R_1}+\dfrac{1}{R_2}+\dfrac{1}{R_3}=\dfrac{1}{10\Omega}+\dfrac{1}{20\Omega}+\dfrac{1}{30\Omega}=\dfrac{11}{60\Omega}=\dfrac{11}{60}S$

$$R=\dfrac{60\Omega}{11}=5.45\Omega$$

　　注：S（西门子）是电阻的倒数——电导G的国际单位，$G=\dfrac{1}{R}$。

【例8-15】　已知一对外啮合标准直齿圆柱齿轮传动的标准中心距$a=108mm$，传动比$i_{12}=3$，小齿轮齿数$Z_1=18$。试确定大齿轮的齿数Z_2、齿轮的模数m和两轮的分度圆直径（图8-8）。

　　传动比i：机构中瞬时输入速度与输出速度的比值称为机构的传动比。

　　啮合传动（齿轮）的传动比$i=n_1/n_2=d_2/d_1=Z_2/Z_1$，

　　n_1和n_2分别为构件1和2的转速（转/分）；

　　Z_1和Z_2表示1轮和2轮的齿数；

　　直齿圆柱齿轮传动中心距$a=(d_1+d_2)/2=(Z_1+Z_2)\times M/2$，

　　模数$m=$分度圆直径$d/$齿数Z，分度圆直径$d=$模数$m\times$齿数Z

　　多级齿轮传动总传动比等于各级传动比之积。

【解】　由$i_{12}=Z_2/Z_1$得$Z_2=3\times18=54$

　　又由$m=2a/(Z_1+Z_2)=2\times108/(18+54)=3mm$，

　　分度圆直径：　　　　$d_1=mZ_1=3\times18=54mm$，

　　　　　　　　　　　　$d_2=mZ_1=3\times54=162mm$

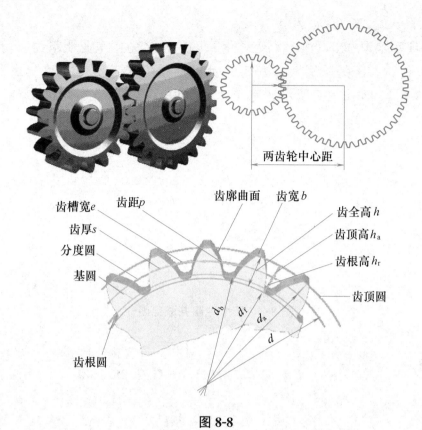

图 8-8

项目 9　三角函数及坡度

任务 9.1　三角函数

三角函数

【典型工作任务】

1. 如图 9-1 所示，在某建筑物 AC 上，挂着宣传条幅 BC，小明站在点 F 处，看条幅顶端 B，测的仰角为 $30°$，再往条幅方向前行 20m 到达 E 处，看到条幅顶端 B，测的仰角为 $60°$，求宣传条幅 BC 的长。

（小明的身高不计，结果精确到 0.1m）

2. 如图 9-2 所示，已知 A 点坐标为（550.00，680.00），求 B 点坐标。

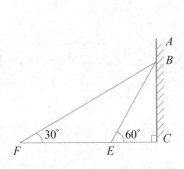

图 9-1　宣传条幅尺寸示意图

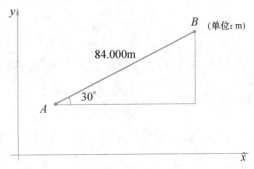

图 9-2　直角坐标系

3. 我们日常见到的楼梯，每一个台阶侧面都是类似于图 9-3 中的直角三角形，该直角三角形锐角分别是为 $30°$ 和 $60°$，其他尺寸如图所示，请问该三角形

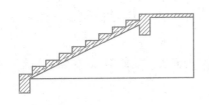

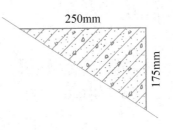

图 9-3　楼梯示意

的斜长是多少？并计算这个三角形的面积。

以上工程实例都涉及了三角函数问题，那么什么是三角函数？如何利用三角函数的性质解决生活和工程当中的实际问题，我们本节来进行学习，主要的内容包括锐角三角函数的定义和性质、已知锐角三角函数值的求角的应用、应用直角三角形的原理解决实际问题。

9.1.1　锐角三角函数

1. 锐角三角函数定义

如果一个三角形的每一个角都小于 $90°$，那么这个三角形叫作锐角三角形；如果有一个角等于 $90°$，叫作直角三角形；如果有一个角大于 $90°$，叫作钝角三角形。

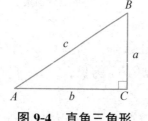

图 9-4　直角三角形

在直角三角形 ABC 中，如图 9-4 所示，$\angle C = 90°$，设 $BC = a$，$CA = b$，$AB = c$，$\angle A$ 的三个三角函数是：

（1）正弦定义：在直角三角形 ABC 中，$\angle A$ 的对边与斜边的比叫作 $\angle A$ 的正弦，记作 $\sin A$，即

$$\sin A = \frac{a}{c}。$$

（2）余弦定义：在直角三角形 ABC 中，$\angle A$ 的邻边与斜边的比叫作 $\angle A$ 的余弦，记作 $\cos A$，即 $\cos A = \dfrac{b}{c}$。

（3）正切定义：在直角三角形 ABC 中，$\angle A$ 的对边与邻边的比叫作 $\angle A$ 的正切，记作 $\tan A$，即 $\tan A = \dfrac{a}{b}$。

（4）余切定义：在直角三角形 ABC 中，$\angle A$ 的邻边与对边的比叫作 $\angle A$ 的余切，记作 $\cot A$，即 $\cot A = \dfrac{b}{a}$。

$\angle A$ 的正弦、余弦、正切、余切都叫作 $\angle A$ 的三角函数。

注意：

（1）正弦、余弦、正切、余切都是在直角三角形中给出的，应避免应用时对任意的三角形随便套用定义；

（2）$\sin A$ 不是 $\sin$ 与 A 的乘积，是三角形函数记号，是一个整体．"$\sin A$"表示一个比值，其他三个三角函数记号也是一样的；

（3）锐角三角函数值与三角形三边长短无关，只与锐角的大小有关，即当锐角 A 取固定值时，它的三个三角函数也是固定的；

（4）利用三角函数定义可推导出三角函数的性质，如：同角三角函数关系，互余两角的三角函数关系、特殊角的三角函数值等。

2. 同角三角函数的关系

（1）平方关系：$\sin^2\alpha+\cos^2\alpha=1$

（2）商数关系：$\tan\alpha=\dfrac{\sin\alpha}{\cos\alpha}$

（3）倒数关系：$\tan\alpha=\dfrac{1}{\cot\alpha}$

注意：

① 这些关系式都是恒等式，正反均可运用，同时还要注意它们的变形公式。

② $\sin^2\alpha$ 是（$\sin\alpha$）^{2} 的简写，读作"$\sin\alpha$ 的平方"，不能将 $\sin^2\alpha$ 写成 $\sin\alpha^2$，前者是 α 的正弦值的平方，后者表示 α^2 的正弦值。

③ 充分理解"同角"二字，上述关系式成立的前提是所涉及的角必须相同。

④ 同角三角函数关系用于化简三角函数式。

（4）互为余角的三角函数之间的关系（诱导公式）

若∠A+∠B=90°则

$\sin A=\cos(90°-A)=\cos B$　任意锐角的正弦值等于它的余角的余弦值。

$\cos A=\sin(90°-A)=\sin B$　任意锐角的余弦值等于它的余角的正弦值。

3. 特殊角的三角函数值

特殊角的三角函数值主要包括 0°、30°、45°、60°、90°的三角函数值，见表 9-1。

特殊角的三角函数值　　　　表 9-1

三角函数 \ 角度	0°	30°	45°	60°	90°
$\sin\alpha$	0	$\dfrac{1}{2}$	$\dfrac{\sqrt{2}}{2}$	$\dfrac{\sqrt{3}}{2}$	1
$\cos\alpha$	1	$\dfrac{\sqrt{3}}{2}$	$\dfrac{\sqrt{2}}{2}$	$\dfrac{1}{2}$	0
$\tan\alpha$	0	$\dfrac{\sqrt{3}}{3}$	1	$\sqrt{3}$	不存在
$\cot\alpha$	不存在	$\sqrt{3}$	1	$\dfrac{\sqrt{3}}{3}$	0

【例 9-1】 如图 9-1 所示，在某建筑物 AC 上，挂着宣传条幅 BC，小明站在点 F 处，看条幅顶端 B，测的仰角为 $30°$，再往条幅方向前行 $20m$ 到达 E 处，看到条幅顶端 B，测的仰角为 $60°$，求宣传条幅 BC 的长。

（小明的身高不计，结果精确到 0.1m）

【解】 ∵ $\angle BFC = 30°$，$\angle BEC = 60°$，

$\angle BCF = 90°$

∴ $\angle EBF = \angle EBC = 30°$

∴ $BE = EF = 20$

在 $\text{Rt}\triangle BCE$ 中，$BC = BE \cdot \sin 60° = 20 \times \dfrac{\sqrt{3}}{2} \approx 17.3$（m）

答：宣传条幅 BC 的长是 17.3m。

【例 9-2】 如图 9-2 所示，已知 A 点坐标为（550.00，680.00），求 B 点坐标。

【解】 AB 长为 84m

短直角边：$84 \times \sin 30° = 42m$

长直角边：$84 \times \cos 30° = 42\sqrt{3}\,m = 72.744m$

B 点 x 坐标：$(550 + 42\sqrt{3})$ m $= 622.744m$

B 点 y 坐标：$680 + 42 = 722m$

B 点坐标（622.744，722）

9.1.2 已知锐角三角函数值求角

1. 已知正弦函数值求角

已知 $\sin 30° = \dfrac{1}{2}$，那么满足 $\sin x = \dfrac{1}{2}$ 的 x 取值是什么？

计算器的标准设置中，已知正弦函数值，显示出 $-90° \sim 90°$ 范围内的角。其步骤是：设定角度计算模式→按键【SHIFT】→按键【sin】→输入正弦函数值→按键【＝】显示出 $-90° \sim 90°$ 范围内的角。

【例 9-3】 已知 $\sin x = 0.4$，利用计算器求 $0° \sim 90°$ 范围内的角（精确到 0.01°）。

【解】 利用计算器得到锐角

$$x \approx 23.58°$$

【例 9-4】 已知 $\sin x = \dfrac{\sqrt{2}}{2}$，求 $0° \sim 90°$ 范围内的角

【解】 由特殊角的三角函数值表得到锐角

$$x = 45°$$

2. 已知余弦函数值求角

计算器的标准设置中，已知余弦函数值，显示出 $0° \sim 180°$ 范围内的角。其步骤是：设定角度计算模式→按键【SHIFT】→按键【cos】→输入余弦函数值→按键【＝】显示出 $0° \sim 180°$ 范围内的角。

【例 9-5】 已知 $\cos x = 0.4$ ，利用计算器求 $0° \sim 90°$ 范围内的角（精确到 $0.01°$）。

【解】 利用计算器得到锐角

$$x \approx 66.42°$$

【例 9-6】 已知 $\cos x = \dfrac{1}{2}$，求 $0° \sim 90°$ 范围内的角

【解】 由特殊角的三角函数值表得到锐角

$$x = 60°$$

3. 已知正切函数值求角

计算器的标准设置中，已知正弦函数值，显示出 $-90° \sim 90°$ 范围内的角。其步骤是：设定角度计算模式→按键【SHIFT】→按键【tan】→输入正切函数值→按键【＝】显示出 $-90° \sim 90°$ 范围内的角。

【例 9-7】 已知 $\tan x = 0.4$，利用计算器求 $0° \sim 90°$ 范围内的角（精确到 $0.01°$）。

【解】 利用计算器得到锐角

$$x \approx 21.80°$$

【例 9-8】 已知 $\tan x = \dfrac{\sqrt{3}}{3}$，求 $0° \sim 90°$ 范围内的角

【解】 由特殊角的三角函数值表得到锐角

$$x = 30°$$

9.1.3 直角三角形

1. 直角三角形

（1）直角三角形的定义：有一个内角是直角的三角形叫直角三角形。直角三角形可用 Rt△ 表示，如直角三角形 ABC 写作 Rt$\triangle ABC$。

（2）解直角三角形：在直角三角形中，除直角外，一共有 5 个元素，即 3 条边和 2 个锐角，由直角三角形中除直角以外的两个已知元素（其中至少有一

条边），求出其他未知元素的过程，叫作解直角三角形。

2. 解直角三角形的依据

在 Rt$\triangle ABC$ 中，$\angle C = 90°$，$\angle A$，$\angle B$，$\angle C$ 所对的边分别是 a，b，c，如图 9-5 所示。

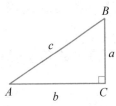

图 9-5　直角三角形

（1）三边之间的关系：$a^2 + b^2 = c^2$

（2）锐角之间的关系：$\angle A + \angle B = 90°$

（3）边角关系：$\sin A = \dfrac{a}{c}$，$\cos A = \dfrac{b}{c}$，$\tan A = \dfrac{a}{b}$，$\cot A = \dfrac{b}{a}$

4．面积关系：$S_{\triangle ABC} = \dfrac{1}{2}ab = \dfrac{1}{2}ch$

3. 直角三角形的可解条件及解直角三角形的基本类型（表 9-2）

直角三角形的可解条件及解直角三角形的基本类型　　　表 9-2

已 知 条 件		解　　法
一条边和一个锐角	斜边 c 和锐角 A	$B = 90° - A$，$a = c\sin A$，$b = c\cos A$，$S = \dfrac{1}{2}c^2 \sin A \cos A$
	直角边 a 和锐角 A	$B = 90° - A$，$b = \dfrac{a}{\tan A}$，$c = \dfrac{a}{\sin A}$，$S = \dfrac{a^2}{2\tan A}$
两条边	两条直角边 a 和 b	$c = \sqrt{a^2 + b^2}$，由 $\tan A = \dfrac{a}{b}$ 求角 A，$B = 90° - A$，$S = \dfrac{1}{2}ab$
	直角边 a 和斜边 c	$b = \sqrt{c^2 - a^2}$，由 $\sin A = \dfrac{a}{c}$ 求角 A，$B = 90° - A$，$S = \dfrac{1}{2}a\sqrt{c^2 - a^2}$

【例 9-9】 在 Rt$\triangle ABC$ 中，如图 9-6，$\angle C = 90°$，$\angle B = 60°$，$a = 4$，解这个三角形。

分析：本题实际上是要求 $\angle A$、b、c 的值，可根据直角三角形中各元素间的关系解决。

【解】（1）$\angle A = 90° - \angle B = 90° - 60° = 30°$

（2）由 $\tan B = \dfrac{b}{a}$ 知 $b = a\tan B = 4\tan 60° = 4\sqrt{3}$

（3）由 $\cos B = \dfrac{a}{c}$，知 $c = \dfrac{a}{\cos B} = \dfrac{4}{\cos 60°} = 8$

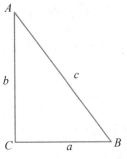

图 9-6　直角三角形

说明：此题还可用其他方法求 b 和 c。

【例 9-10】 在 Rt$\triangle ABC$ 中，$\angle C = 90°$，$\angle A = 30°$，$b = \sqrt{3}$，解这个三角形。

【解】 解法一 ∵ $\angle C=90°$，$\angle A=30°$，∴$c=2a$

设 $a=x$，则 $c=2x$，由勾股定理得 $x^2+(\sqrt{3})^2=(2x)^2$ ∴ $x=1$

∴$a=1$，$c=2x=2$， $\angle B=90°-\angle A=90°-30°=60°$

解法二 $a=b\tan30°=\sqrt{3}\times\dfrac{\sqrt{3}}{3}=1$

$c=\sqrt{a^2+b^2}=\sqrt{1^2+(\sqrt{3})^2}=2$ $\angle B=90°-30°=60°$

说明：本题考查含特殊角的直角三角形的解法。它可以用目前所学的解直角三角形的方法，也可以用以前学的性质解题。

【例 9-11】 我们日常见到的楼梯，每一个踏步都是类似于图 9-3 中的直角三角形，该直角三角形锐角分别是为 30° 和 60°，其他尺寸如图 9-3 所示，请问该三角形的斜长是多少？并计算这个三角形的面积。

【解】 （1）楼梯踏步宽为 250mm，踏步高为 175mm

根据直角三角形三边之间的关系：$a^2+b^2=c^2$，可得 $c=\sqrt{a^2+b^2}$

因此，三角形斜长 $=\sqrt{175^2+250^2}=305$（mm）

（2）根据直角三角形的面积关系：$S_{\triangle ABC}=\dfrac{1}{2}ab$

可得三角形面积 $S_{\triangle ABC}=\dfrac{1}{2}ab=\dfrac{1}{2}\times250\times175=21875$（mm²）

（请同学们思考一下，如果把这道题三角形面积的结果换算成单位为 m，应该是多少呢?）

任务 9.2 坡角与坡度

坡度

【典型工作任务】

如图 9-7 所示的屋面有 2‰ 的找坡，最薄处 30mm 厚，那么最厚处如何计算，平均厚度又是多少？

以上工程实例涉及了坡度的问题，什么是坡度，利用坡度如何解决工程当中的实际问题？我们本节来进行学习。通俗的说，坡面与水平面的夹角称为坡角，坡面的铅直高度与水平宽度的比为坡度（或坡比），即坡度等于坡角的正

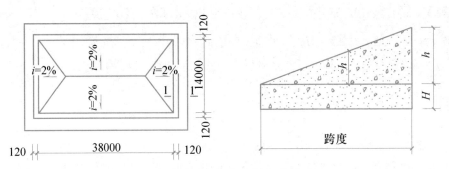

图 9-7　屋面坡度表示方法

切。坡度的表示方法有百分比法、度数法、密位法和分数法四种，其中以百分比法和度数法较为常用。

9.2.1　定义

坡面与水平面的夹角称为坡角，坡面的铅直高度与水平宽度的比为坡度（或坡比），即坡度等于坡角的正切。

9.2.2　表示方法

坡度的表示方法有百分比法、度数法、密位法和分数法四种，其中以百分比法和度数法较为常用。

（1）百分比法

表示坡度最为常用的方法，即两点的高程差与其水平距离的百分比，其计算公式如下：坡度＝（高程差/水平距离）×100%

即：$i = h/l \times 100\%$

例如：坡度 3% 是指水平距离每 100m，垂直方向上升（下降）3m；1% 是指水平距离每 100m，垂直方向上升（下降）1m，以此类推。

（2）度数法

用度数来表示坡度，利用反三角函数计算而得，其公式如下：

$$\tan\alpha（坡度）＝高程差/水平距离$$

所以 α（坡度）＝arctan（高程差/水平距离）

【例 9-12】　如图 9-7 所示的屋面有 2% 的找坡，最薄处 30mm 厚，那么最厚处如何计算，平均厚度又是多少？

注：1. 找坡层平均厚度＝$H + h'$，其中，H—最薄处厚度；h'—找坡层平均折算厚度。

2. 找坡层最厚处厚度＝$H+h$，其中，H—最薄处厚度；h—找坡层计算厚度。

【解】

根据坡度的定义，即坡面的铅直高度与水平宽度的比为坡度，以及题意

可知，找坡层最厚处厚度＝$H+h$＝30＋14000÷2×2‰＝170mm

找坡层平均厚度＝$H+h'$＝(170＋30)/2＝100mm

即找坡层最厚处为170mm，平均厚度为100mm。

项目 10　面积的计算

物体的表面或围成的图形表面的大小，叫做它们的面积。如桌子表面围成的长方形的大小即桌子的面积。物体表面围成的图形可以是平面的也可以是曲面的。如地球表面的面积是曲面的面积。

任务 10.1　平面图形面积的计算

各个部分都在同一平面内的图形，称为平面图形。例如直线、射线、角、三角形、平行四边形、梯形和圆等几何图形，这些图形所表示的各个部分都在同一平面内，称为平面图形。本章讲常用平面图形的面积的计算。

【典型工作任务】

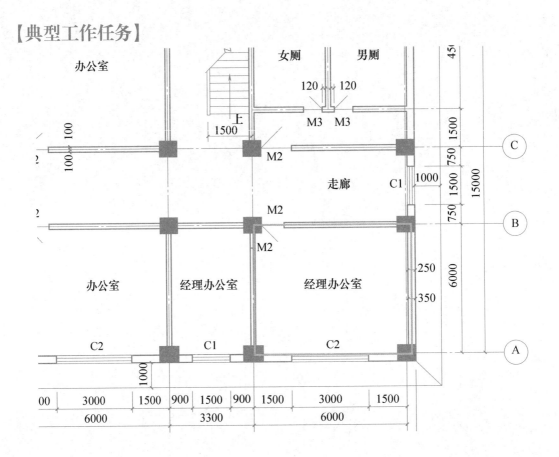

求图中所示经理办公室的面积是多少平方米？

【解】

由图纸可得经理办公室是一个边长是 6000mm（6m）的正方形

根据正方形的面积＝边长×边长

$$S=6\times6=36m^2$$

即经理办公室的面积是 $36m^2$。

10.1.1 平行四边形面积

两组对边分别平行的四边形叫作平行四边形。如图 10-1，四边形 $ABCD$ 为平行四边形，用符号"□"表示，平行四边形 $ABCD$ 记作"$□ABCD$"读作"平行四边形 $ABCD$"。

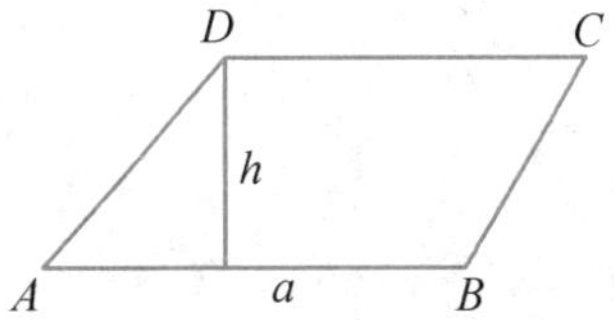

图 10-1

平行四边形的性质

性质定理 1：平行四边形的两组对边分别平行且相等。

性质定理 2：平行四边形两组对角分别相等。

性质定理 3：平行四边形对角线互相平分。

如图 10-1 所示，设 a 表示平行四边形的底，h 表示底边上的高，S 表示面积，则平行四边形的面积＝底×高。

即 $$S=ah$$

【例 10-1】 一块平行四边形钢板，底是 1.5m，高是 1.2m，如果每平方米钢板重 23.5kg，这块钢板重多少千克。

【解】 由题知 $a=1.5m$　$h=1.2m$

则　$S=ah=1.5\times1.2$

$\qquad =1.8$（m^2）

这块钢板的重量＝1.8×23.5＝42.3（kg）

即这块钢板的重量是 42.3kg。

【例 10-2】 图 10-2 中××市阳光 100 国际新城东园大体上可看作是一个平行四边形，实地测量尺寸：底为 723m，高为 116m，请计算该小区面积。

【解】

$$S=723\times116=83868（m^2）$$

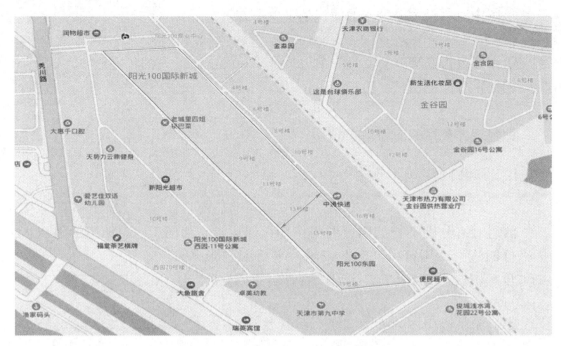

图 10-2 ××市阳光 100 国际新城

10.1.2 矩形

有一个角是直角的平行四边形叫矩形,如图 10-3 所示,在 □ABCD 中 ∠A＝90°,则四边形 ABCD 是矩形。矩形是我们常见的平面图形之一。

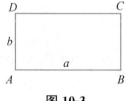

图 10-3

矩形的性质定理

(1) 矩形的四个角都是直角;

(2) 矩形的对角线相等。

矩形的周长和面积公式

如图 10-3 所示,设 a、b 分别表示长方形的长、宽;C 表示周长;S 表示面积。

则:周长＝(长＋宽)×2　即 $C=2(a+b)$

面积＝长×宽　即 $S=ab$

【例 10-3】 已知篮球场的长是 28m,宽 15m,其占地面积是多少?

【解】 已知 $a=28m$　$b=15m$

则　$S=a×b=28m×15m=420m^2$

即篮球场的面积是 $420m^2$。

【例 10-4】 在我们的建筑工程中，我们把图 10-4 里面的柱子叫作矩形柱，如果想计算矩形柱在地上占多大面积，就需要知道矩形柱的截面。在图 10-5 所示，矩形柱的截面中长为 60cm，宽为 30cm，请问，这个矩形柱的面积是多少？

图 10-4

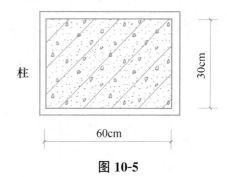

图 10-5

简图：

【解】

已知　矩形柱的长为 60cm＝0.6m，宽为 30cm＝0.3m

根据长方形面积＝长×宽

$S＝0.6×0.3＝0.18m^2$

即矩形柱面积 0.18m^2

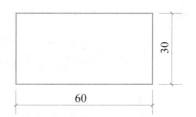

【例 10-5】 图 10-6 是某楼盘的标准户型图，具体尺寸如图所示，你能帮业主算一下他实际获得的房屋面积（房屋外墙所围面积，含外墙，轴线距外墙边 100mm）吗？

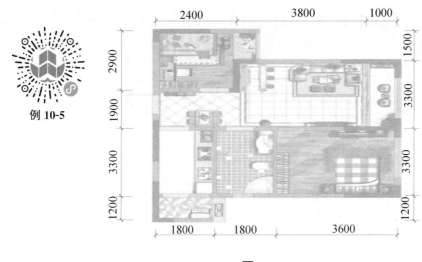

例 10-5

图 10-6

简图：

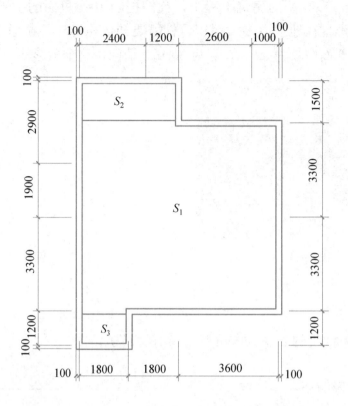

【解】

图 10-6 中房间尺寸为"mm"，计算时房屋面积单位为"m²"，由于图中房屋面积是不规则形状，需拆分成三个不同大小的长方形，然后将三部分长方形相加得房屋面积。

根据长方形面积＝长×宽

$$S_1=(1.8+1.8+3.6+0.1\times2)\times(3.3+3.3+0.1\times2)=50.32\text{m}^2$$

$$S_2=(2.4+1.2+0.1\times2)\times(1.5-0.1+0.1)=5.7\text{m}^2$$

$$S_3=(1.8+0.1\times2)\times(1.2-0.1+0.1)=2.4\text{m}^2$$

房屋面积 $S=S_1+S_2+S_3=58.42\text{m}^2$

即房屋面积为 58.42m^2。

10.1.3　正方形的面积

有一组邻边相等且有一个角是直角的平行四边形叫作正方形。如图 10-7 在 $\square ABCD$ 中，$AB=AD$，$\angle A=90°$，则四边形 $ABCD$ 是正方形。

正方形的性质：

（1）正方形的四个角都是直角，四条边都相等。

（2）两条对角线相等，并且互相垂直平分，每条对角线平分一组对角线。

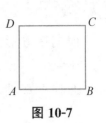

图 10-7

正方形的面积计算公式：

设 a 表示正方形的边长，C 表示正方形的周长，S 表示面积。

则：周长＝边长×4　　$C=4a$

面积＝边长×边长　$S=a\times a$

图 10-8

【例 10-6】　图 10-8 是我们建筑工程中常见的混凝土构件——独立基础，图 10-9 所示。为独立基础的平面图，请参照平面图中所示尺寸，计算独立基础的占地面积（单位 mm）。

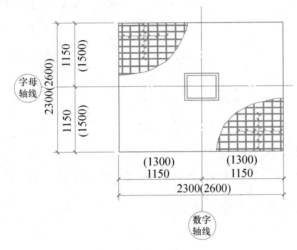

例 10-6

图 10-9

简图：

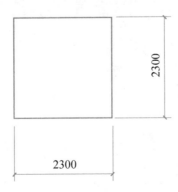

【解】

独立基础占地面积即独立基础底面积，其底面积为边长 2300mm 的正方形。

根据正方形面积＝边长×边长

$S=2.3×2.3=5.29\text{m}^2$

即独立基础占地面积为 5.29m^2。

10.1.4 三角形

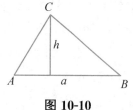

图 10-10

由三条线段顺次首尾相连，组成的一个闭合的平面图形叫三角形，如图 10-10 所示。三角形的三个顶点分别是 A、B、C。三角形 ABC 可表示为△ABC。读作"三角形 ABC"。三角形有三条边和三个内角。三角形的三个内角和为 180°。

三角形按角的大小的分类如下：

$$三角形\begin{cases}直角三角形\\斜三角形\begin{cases}锐角三角形\\钝角三角形\end{cases}\end{cases}$$

三角形的性质：

(1) 三角形任意两边之和大于第三边。

(2) 三角形的三个内角之和等于 180°。

三角形的面积计算公式

如图 10-10 所示，设 a 为三角形的底边，h 为底边上的高，S 表示面积。

则：三角形的面积＝$\frac{1}{2}$底×高

即 $$S=\frac{1}{2}ah$$

【例 10-7】 一个等边三角形的边长是 8cm，它的面积是多少？

【解】

如图 10-11 所示过 C 做 $CD\perp AB$

在三角形 ADC 中 $AC=8$ $AD=4$

则 $CD=\sqrt{AC^2-AD^2}=\sqrt{8^2-4^2}=4\sqrt{3}$

三角形的面积＝$\frac{1}{2}AB×CD$

$$=\frac{1}{2}×8×4\sqrt{3}=16\sqrt{3}\ (\text{cm}^2)$$

即三角形的面积是 $16\sqrt{3}\text{cm}^2$。

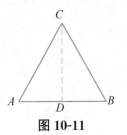

图 10-11

【例 10-8】　图 10-12 为室外台阶、图 10-13 为我们日常见到的楼梯，每一个台阶侧面都是类似于图 10-14 中的直角三角形，该直角三角形锐角分别是为 30°和 60°，其他尺寸如图 10-14 所示，请求出三角形的面积。

例 10-8

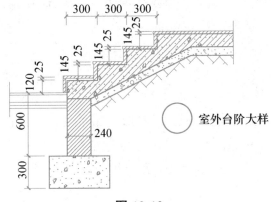

室外台阶大样

图 10-12

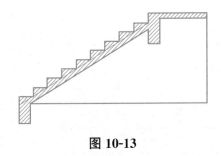

图 10-13

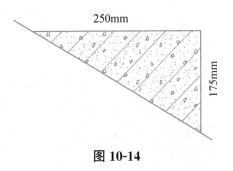

图 10-14

【解】

三角形的面积 $S = \dfrac{1}{2}ah$

则　　　　　　　$S = \dfrac{1}{2} \times 0.25 \times 0.175 = 0.0219$（$m^2$）

即该直角三角形的面积为 $0.0219 m^2$。

10.1.5　梯形的面积

一组对边平行，另一组对边不平行的四边形叫作梯形。如图 10-15 所示，$AB /\!/ CD$。平行的两边叫作梯形的底（通常把较短的底叫上底，较长的底叫下底），不平行的两边叫作梯形的腰，两底之间的距离叫作梯形的高。

梯形的分类

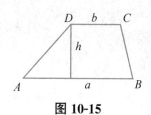

图 10-15

一般梯形

梯形 $\begin{cases} \text{直角梯形(一腰垂直于底的梯形)} \\ \text{等腰梯形(两个腰相等的梯形)} \end{cases}$

梯形的面积计算公式

设 a 为梯形的上底，b 为下底，h 为梯形的高，S 表示梯形的面积。

则　梯形的面积＝(上底＋下底)×高÷2

即

$$S = \frac{1}{2}(a+b)h$$

【例 10-9】 有一堆电线杆堆放成梯形，最底下一层有 20 根，以后每上一层就减少 1 根，最上面一层是 13 根，这堆电线杆一共有多少根？

【解】 由题意得 $a=13$，$b=20$，$h=20-13+1=8$

则

$$S = \frac{1}{2}(a+b) \times h = \frac{1}{2} \times (13+20) \times 8$$

$$= 132 \text{（根）}$$

即这堆电线杆一共 132 根。

【例 10-10】 图 10-16、图 10-17 中所示是我们工程中常遇到的地槽的剖面图，那么依图中所示尺寸，该地槽的剖面面积是多少（图中尺寸单位 mm）？

例 10-10

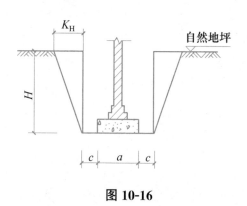

图 10-16

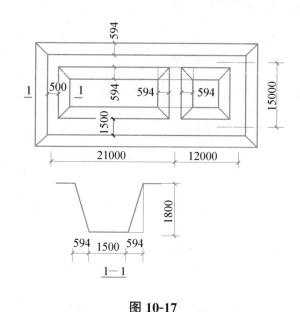

图 10-17

【解】

如图 10-16 所示地槽剖面面积为等腰梯形，地槽底边为梯形上底＝1.5m，地槽上边为梯形下底＝1.5＋0.594×2＝2.688m，地槽深度为梯形高度。

根据梯形的面积＝（上底＋下底）×高÷2

$$S=(1.5+1.5+0.594\times2)\times1.8/2=3.7692（m^2）$$

即地槽剖面面积为3.7692m^2。

10.1.6　圆

在一个平面内，当一条线段绕着它的一个端点在平面内旋转一周时，它的另一个端点形成的图形就叫圆。如图10-18所示。圆心到圆上任意一点的距离（OA）叫作圆的半径。连接圆上任意两点的线段叫作弦，（如图10-19弦AB），通过圆心的弦叫作直径（如图10-19所示的直径AC）。

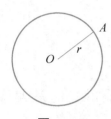

图 10-18

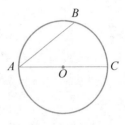

图 10-19

设S表示圆的面积；C表示圆的周长；d为圆的直径；r为圆的半径。

（1）周长＝直径×π＝2×π×半径

$$C=\pi d=2\pi r$$

（2）面积＝半径×半径×π

$$S=\pi r^2$$

【例10-11】　请计算图10-20中圆形木百叶窗的饰面尺寸（单位 mm）。

【解】

木百叶窗饰面为直径为600mm的圆形，根据圆形面积＝半径×半径×π

$$S=0.6/2\times0.6/2\times3.14=0.2826（m^2）$$

即圆形木百叶窗的饰面面积为0.2826m^2。

【例10-12】　某砖柱示意图如图10-21所示，求圆柱的截面面积。

图 10-20

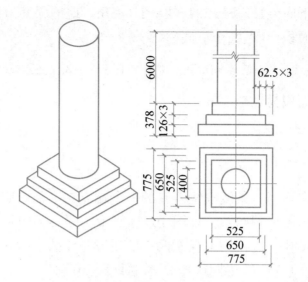

图 10-21

【解】

圆柱的截面直径为 400mm 的圆。

则 $S = \pi R^2 = 3.14 \times 0.2^2 = 0.1256 \mathrm{m}^2$

【例 10-13】   直径 12mm 的圆截面钢筋，拉断前能承受的最大拉力是 42.7kN，抗拉强度为多少兆帕？

【解】   依据抗拉强度的公式：

$$f = \frac{F}{A} = \frac{42.7 \times 1000}{3.14 \times 6^2} \approx 378 \mathrm{MPa}$$

10.1.7 组合图形的面积

组合图形即由一些基本的平面图形（矩形、正方形、三角形、梯形、圆等）组合而成的图形。计算组合图形的面积时，应该首先分析这个组合图形是由哪些基本几何图形组合而成的，然后通过计算这些基本几何图形的面积得到组合图形的面积。

【例 10-14】   图 10-22 为建筑工程中的条形基础，截面图形如图 10-23 所示，该条形基础的高为 212mm，梯形高为 106mm，请计算该条形基础截面面积。

【解】

条形基础截面面积为不规则形状，需拆分为梯形和长方形，再将两部分相加。

例 10-14

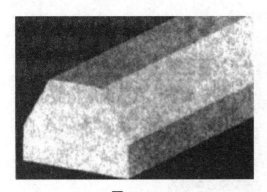

图 10-22

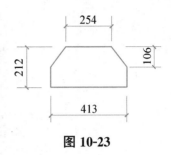

图 10-23

根据梯形的面积＝（上底＋下底）×高÷2，长方形面积＝长×宽

$$S_{梯形}=(0.254+0.413)\times0.106/2=0.035m^2$$

$$S_{长方形}=0.413\times(0.212-0.106)=0.0438m^2$$

条形基础截面面积为 $0.035+0.0438=0.788m^2$

【例 10-15】 请计算图 10-24 中半扇形窗的面积，尺寸单位为"mm"。

【解】

半圆形窗为不规则形状，需拆分成半圆形和长方形，再将两部分相加。

根据半圆形面积＝半径×半径×π/2，长方形面积＝长×宽

$$S_{半圆}=0.6\times0.6\times3.14/2=0.5652m^2$$

$$S_{长方形}=1.2\times1.6=1.92m^2$$

半圆形窗面积为 $0.5652+1.92=2.4852m^2$

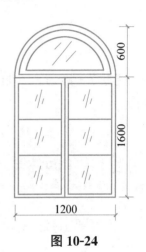

图 10-24

任务 10.2 立体图形全面积（表面积）的计算

【典型工作任务】

为框架柱支模板如图 10-25 所示，假设框架柱高 3m，截面尺寸 0.6m×0.6m，请问不考虑模板厚度时模板面积是多少？

图 10-25

【解】 模板不含底，所用模板可看成是长宽分别是 3 和 $(0.6+0.6)\times 2$ 的长方形组成。

则 $S=(0.6+0.6)\times 2\times 3=7.2$（$m^2$）

10.2.1 正四棱柱的全面积（表面积）的计算

观察图 10-26 所示的图形有如下特征：

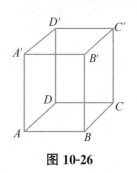

图 10-26

（1）有两个面互相平行，其余各面都是四边形；

（2）每相邻两个四边形的公共边互相平行。

有两个面互相平行，其余每相邻两个面的交线都互相平行的六面体叫作棱柱，互相平行的两个面叫作棱柱的底面，其余各面叫作棱柱的侧面。相邻两个侧面的公共边叫作棱柱的侧棱。两个底面间的距离，叫作棱柱的高。

表示棱柱时，通常分别顺次写出两个底面各个顶点的字母，中间用一条短横线隔开，如图 10-26 所示的棱柱，可以记作棱柱 $ABCD$-$A_1B_1C_1D_1$，或简记作棱柱 AC_1。

经常以棱柱底面多边形的边数来命名棱柱，例如三棱柱、四棱柱……如图 10-26 所示的棱柱为四棱柱。

侧棱与底面垂直且底面是正多边形的棱柱叫作正棱柱，如图 10-26 为正四棱柱。正棱柱所有侧面的面积之和，叫作正棱柱的侧面积。正棱柱的侧面积与两个底面面积之和，叫作正棱柱的全面积。

正棱柱的侧面积、全面积的计算公式分别为

$$S_{正棱柱侧}=Ch$$

$$S_{正棱柱全}=Ch+2S_{底}$$

其中，C 表示正棱柱底面的周长，h 表示正棱柱的高，$S_{底}$ 表示正棱柱底面的面积。

【例 10-16】 制作一个正四棱柱的无盖水桶，底面边长为 25cm，高为 45cm，问需薄铁板多少平方米？

【解】

无盖水桶由正四棱柱的底面和侧面组成，底面边长 $a=0.25$m 水桶高 $h=0.45$m

$S_{底}=a^2=0.25^2=0.0625$m^2

$S_{侧}=Ch=0.25×4×0.45=0.45$m^2

$S_{全}=0.0625+0.45=0.5125$m^2

即制作这个无盖水桶需要 0.5125m^2 的铁皮。

【例 10-17】 某工程电梯井如图 10-27、图 10-28 所示，求电梯井内部全面积（电梯井顶标高为 17.4m，电梯井底标高为 −5.4m）（图 10-29、图 10-30）。

例 10-17

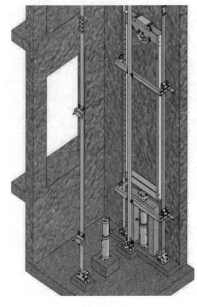

图 10-27

图 10-28

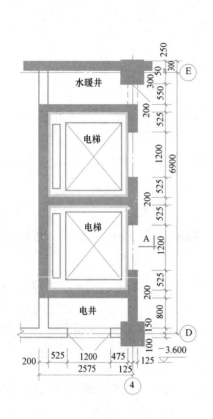

图 10-29

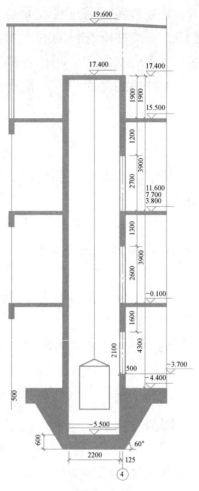

图 10-30

【解】

电梯井为正棱柱形

$$S_{正棱柱全} = Ch + 2S_{底}$$

$$C = [(2.575 - 0.2 - 0.125) + (0.525 + 1.2 + 0.525)] \times 2 = 9\text{m}$$

$$h = 17.4 - (-5.5) = 22.9\text{m}$$

$$S_{底} = (2.575 - 0.2 - 0.125) \times (0.525 + 1.2 + 0.525) = 5.0625\text{m}^2$$

$$S_{正棱柱全} = [9 \times 22.9 + 2 \times 5.0625] \times 2 = 432.45\text{m}^2$$

10.2.2 正四棱锥全面积（表面积）的计算

观察图 10-31 所示的多面体，可以发现它们具如下特征：有一个面是多边形，其余各面都是三角形，并且这些三角形有一个公共顶点。

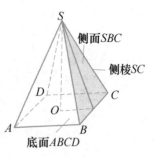

图 10-31

具备上述特征的多面体叫作棱锥。多边形叫作棱锥的底面（简称底），有公共顶点的三角形面叫作棱锥的侧面，各侧面的公共顶点叫作棱锥的顶点，顶点到底面的距离叫作棱锥的高。各等腰三角形底边上的高都叫作棱锥的斜高；底面是三角形、四边形……的棱锥分别叫作三棱锥、四棱锥……通常用表示底面各顶点的字母来表示棱锥。例如，图 10-31 中的棱锥记作：棱锥 S-$ABCD$。

底面是正多边形，其余各面是全等的等腰三角形的棱锥叫作正棱锥。图 10-31 底面是正方形表示正四棱锥。

正棱锥所有侧面的面积之和，叫作正棱锥的侧面积。正棱锥的侧面积与底面面积之和，叫作正棱锥的全面积。

正棱锥的侧面积、全面积（表面积）的计算公式分别为

$$S_{正棱锥侧}=\frac{1}{2}Ch'$$

$$S_{正棱锥全}=\frac{1}{2}Ch'+S_{底}$$

其中，C 表示正棱锥底面的周长，h' 是正棱锥的斜高，$S_{底}$ 表示正棱锥的底面的面积，h 是正棱锥的高。

【例 10-18】　设计一个四棱锥形的冷水塔塔顶，高为 0.85m，底面边长为 1.50m（图 10-32），求制造这个塔的塔顶需要多少铁板（精确到 0.1m²）？

【解】

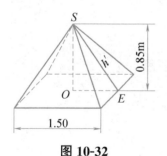

图 10-32

设 S 表示塔顶的顶点，O 表示底面的中心，则 SO 为塔顶的高．设 SE 为塔顶的斜高，则在 Rt△SOE 中，有

$$SE=\sqrt{OE^2+SO^2}=\sqrt{0.75^2+0.85^2}$$
$$=1.13（m）$$

因此，$h'=SE\approx1.13$（m）

底面周长 $C=1.5\times4=6$（m）

所以，$S_{正棱锥侧}=\frac{1}{2}Ch'=\frac{1}{2}\times6\times1.13\approx3.4m^2$

答：制造这个塔的塔顶大约需要 3.4m² 的铁板。

【例 10-19】　凉亭亭顶表面需进行修整，可看作一个四棱锥形（图 10-33、图 10-34），问凉亭修整面积是多少（精确到 0.01）？

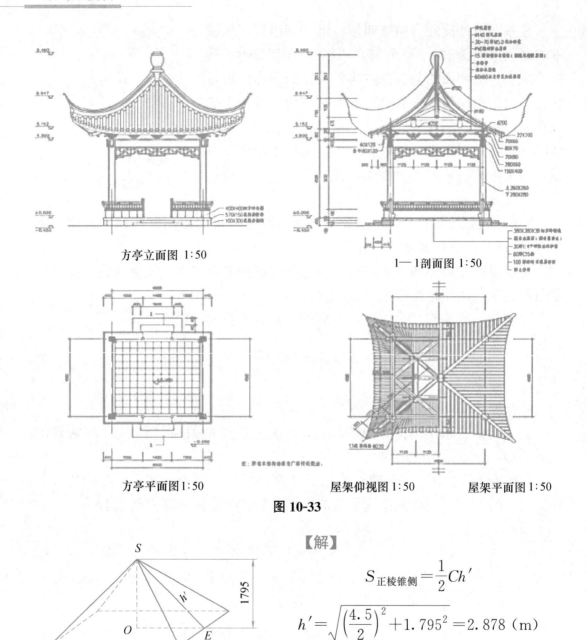

方亭立面图 1:50

1—1剖面图 1:50

方亭平面图 1:50

屋架仰视图 1:50

屋架平面图 1:50

图 10-33

图 10-34

【解】

$$S_{正棱锥侧} = \frac{1}{2}Ch'$$

$$h' = \sqrt{\left(\frac{4.5}{2}\right)^2 + 1.795^2} = 2.878 \ (\text{m})$$

$$S = \frac{1}{2} \times 4.5 \times 4 \times 2.878 \approx 25.90 \ (\text{m}^2)$$

即凉亭修整面积是 25.90m^2。

10.2.3 正四棱台全面积计算

用一个平行于棱锥底面的平面去截棱锥，介于底面与截面之间的多面体称为棱台。棱台的两个相互平行的面称为棱台的底面（上底面和下底面）；其他面称为棱台的侧面，棱台的侧面都是梯形；不在底面上的棱称为棱台的侧棱；两底面之间的距离称为棱台的高。图 10-35 表示的是正四棱台，可记作棱台 $ABCD\text{-}A_1B_1C_1D_1$，具体尺寸如图 10-36 所示。

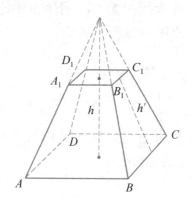

图 10-35

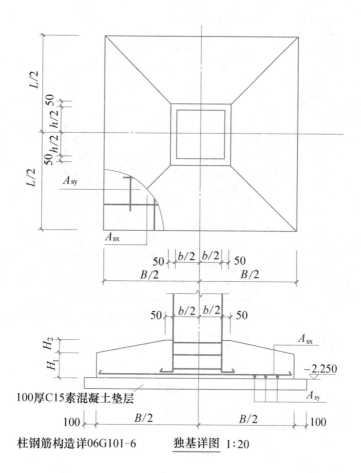

100厚C15素混凝土垫层

柱钢筋构造详06G101-6　　独基详图 1:20

图 10-36

由正棱锥截得的棱台叫作正棱台。例如正三棱台，正四棱台，正五棱台等。正棱台的侧棱相等，侧面是全等的等腰梯形。各等腰梯形的高相等，它叫作正棱台的斜高。

设正棱台的高为 h，上底面周长为 C_1，下底面周长为 C，侧面梯形的高为 h'，则正棱台的侧面积、全面积和体积公式为：

$$S_{侧} = \frac{1}{2}(C_1+C)h'$$

$$S_{表} = \frac{1}{2}(C_1+C)h' + S_{上} + S_{下}$$

【例 10-20】 四棱锥台形的独立基础，具体尺寸见图 10-37 所示，请计算四棱台部分的侧面面积。h_2 为 200mm。

【解】

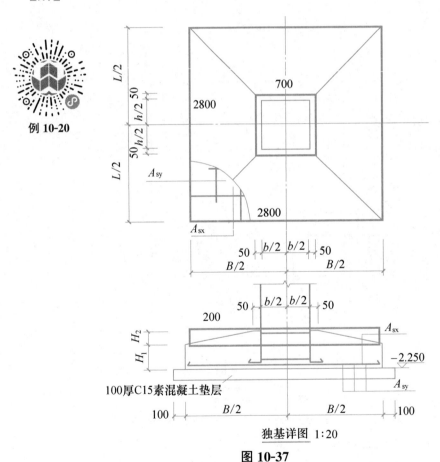

图 10-37

$$S_{侧} = \frac{1}{2}(C_1+C)h'$$

$$C_1 = 0.7 \times 4 = 2.8 \ (\text{m})$$

$$C = 2.8 \times 4 = 11.2 \text{（m）}$$

$$h = 0.2 \text{m}$$

$$h' = \sqrt{0.2^2 + (1.4 - 0.35)^2} = 1.069 \text{（m）}$$

$$S_{\text{侧}} = \frac{1}{2}(11.2 + 2.8) \times 1.069 = 2.138 \text{（m}^2)$$

10.2.4 圆台全面积计算

一般地，直角梯形以垂直底边的腰为轴旋转一周所围成的几何体称为圆台。如图 10-38 所示是直角梯形 $OBB'O'$ 以垂直底边的腰 OO' 为旋转轴旋转而成的圆台 OO'。我们把旋转轴称为圆台的轴，底 $O'B'$，OB 旋转而成的圆面称为圆台的底面，两个底面之间的距离称为圆台的高；另一腰 $B'B$ 旋转而成的曲面称为圆台的侧面，无论旋转到什么位置，腰 $B'B$ 称为圆台的母线。

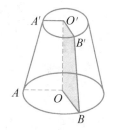

图 10-38

设圆台的高为 h，上底面半径为 r，下底面半径为 R，母线长为 l，则圆台的侧面积、全面积计算公式为：

$$S_{\text{侧}} = \pi(r + R)l$$

$$S_{\text{表}} = \pi(r + R)l + \pi r^2 + \pi R^2$$

【例 10-21】 已知圆台的两个底面半径分别是 2 和 6，高为 3，求它的表面积（图 10-39）。

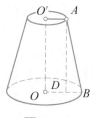

图 10-39

【解】 依题意 $R = 6$，$r = 2$，$h = 3$。

过 A 作 $AD \perp OB$，在直角三角形 ADB 中

$$AB = \sqrt{AD^2 + DB^2} = \sqrt{h^2 + (R - r)^2}$$

$$= \sqrt{3^2 + (6 - 2)^2} = 5$$

则 $l = 5$

$$\therefore S_{\text{表}} = \pi(r + R)l + \pi r^2 + \pi R^2$$

$$= \pi(2 + 6) \times 5 + \pi \times 2^2 + \pi \times 6^2$$

$$= 80\pi$$

即圆台的表面积为 80π。

【例 10-22】 欧式建筑中常有这样圆塔出现，塔身就是我们学到的圆台。假设圆塔的上底半径为 15m，下底半径为 40m，母线长 60m，则圆台的侧面积和表面积为多少（图 10-40、图 10-41）？

图 10-40 图 10-41

【解】

$S_{侧}=\pi(r+R)l$

$S_{侧}=3.14\times(15+40)\times60=10362(m^2)$

$S_{表}=\pi(r+R)l+\pi r^2+\pi R^2$

$S_{表}=3.14\times(15+40)\times60+3.14\times15^2+3.14\times40^2$

$\quad\quad=10362+706.5+5024$

$\quad\quad=16092.5\ (m^2)$

10.2.5 圆柱全面积的计算

一个矩形以其一条边为轴旋转一周所形成的几何体叫作圆柱。旋转轴叫作圆柱的轴。垂直于轴的边旋转形成的圆面叫作圆柱的底面。平行于轴的边旋转成的曲面叫作圆柱的侧面，无论旋转到什么位置，这条边都叫作侧面的母线。两个底面间的距离叫作圆柱的高（图 10-42）。圆柱用表示轴的字母表示。如图 10-42 的圆柱表示为圆柱 OO'。

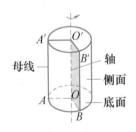

图 10-42

圆柱的侧面积、全面积计算公式如下：

$S_{圆柱侧}=2\pi rh$

$S_{圆柱全}=2\pi r(h+r)$

其中 r 为底面半径，h 为圆柱的高。

【例 10-23】 已知圆柱的底面半径为 2cm，高为 4cm，求圆柱的全面积。

【解】 由于底面半径为 2cm，

所以侧面积 $S_{侧}=2\pi rh=2\pi\times 2\times 4=16\pi$（cm^2）

$$S_{底}=\pi r^2=\pi\times 2^2=4\pi（cm^2）$$

所以圆柱的表面积为：

$$S_{全}=S_{侧}+2S_{底}=16\pi+2\times 4\pi=24\pi（cm^2）$$

即圆柱的全面积是 $24\pi cm^2$。

【例 10-24】 计算图 10-43 中大理石板的面积，已知图 10-43 中圆柱体高为 500mm，直径为 60mm。

【解】

大理石板面积为圆柱体侧面积，圆柱体高 0.5m，半径 0.03m，根据圆柱侧面积 $S=2\pi rh$

$$S=2\times 3.14\times 0.03\times 0.5=0.0942m^2$$

即大理石板的面积为 $0.0942m^2$。

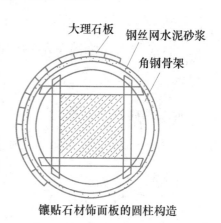

镶贴石材饰面板的圆柱构造

图 10-43

10.2.6 球及半球表面积的计算

一个半圆绕其径旋转一周所形成的曲面叫作球面（图 10-44），球面围成的几何体叫作球体，简称球。半圆的圆心叫作球心，半圆的半径叫作球的半径。经常用表示球心的字母来表示球，如图 10-44 中所示的球记作球 O。

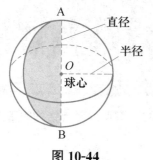

图 10-44

球的表面积的计算公式如下：

$$S_{球}=4\pi R^2$$ 其中，R 为球的半径。

用一个平面去截球，截下的部分称为球缺。球缺的球形表面称为球冠。平面截球所得的圆周面称为球缺的底面。垂直于底面的直径被截下的线段称为球缺的高。球缺的底面、球缺的高分别称为对应球冠的底面、球冠的高。

设球冠高为 h，所在球面的半径为 R（图 10-45），则球冠的表面积：

$$S_{球冠}=2\pi Rh$$

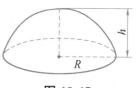

图 10-45

【例 10-25】 如图 10-46 所示，学生小王设计的邮筒是由直径为 0.6m 的半球与底面直径为 0.6m，高为

1m 的圆柱组合成的几何体。求邮筒的表面积（不含其底部，且投信口略计，精确到 $0.01m^2$）。

图 10-46

【解】

邮筒顶部半球面的面积为

$$S_{半球面}=\frac{1}{2}\times4\pi\times(0.3)^2\approx0.565（m^2）$$

邮筒下部圆柱的侧面积为

$$S_{侧面}=2\pi\times0.3\times1\approx1.885（m^2）$$

所以邮筒的表面积为

$$S_{表}=S_{半球面}+S_{侧面}=0.565+1.885=2.45（m^2）$$

即邮筒的表面积为 $2.45m^2$

【例 10-26】 图 10-47 为奥兰大清真寺，采用了半球形穹顶屋面（图 10-48），简化后就是咱们的半球，$h=16740mm$，$R=18000mm$，试计算其表面积（图 10-49～图 10-52）。

图 10-47 奥兰大清真寺效果图

图 10-48 穹顶混凝土结构完工图

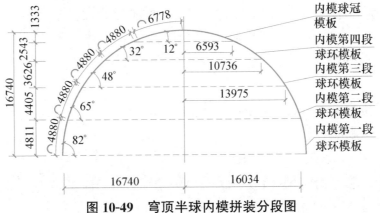

图 10-49 穹顶半球内模拼装分段图

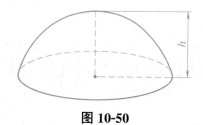

图 10-50

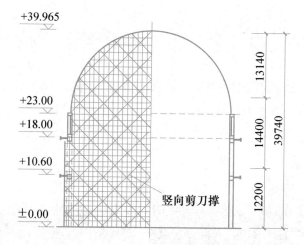

图 10-51　穹顶模板满堂支撑架剖面图

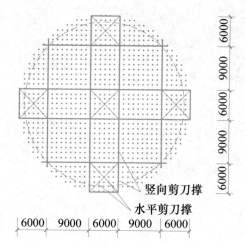

图 10-52　穹顶模板满堂支架平面布置图

【解】

$$S_{球冠} = 2\pi R h$$

$$S = 2 \times 3.14 \times 18 \times 16.74 = 1892.2896 \text{（m}^2\text{）}$$

项目 11　体积的计算

【典型工作任务】

1. 图 11-1 中混凝土柱柱高为 180cm，长和宽各为 60cm 和 30cm，请计算该柱的体积。

2. 混凝土方桩桩尖是四棱锥，假设桩尖边长是 0.6cm，高是 0.45cm，请计算正四棱锥体积。

3. 四棱台形的独立基础，具体尺寸见图纸，请计算四棱台的体积。h_2 为 200mm。

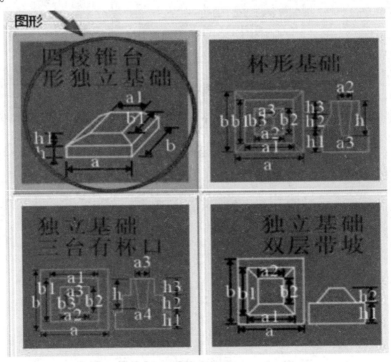

图 11-1

4. 图 11-2 为某大桥下的圆形地坑，请计算基坑体积。

以上工程实例都涉及了体积计算问题，如何解答呢，我们本节来进行学习。体积是一个几何学专业术语，指物体占据空间的大小。建筑中常用到的物体形状有正四棱柱、圆柱、棱台、圆台等简单体及各种组合体，需要研究体积的计算。

图 11-2

任务 11.1 棱柱体积的计算

有两个面互相平行，其余各面都是四边形，并且每相邻两个四边形的公共边都互相平行，由这些面所围成的几何体叫作棱柱。棱柱的侧棱与底面垂直的棱柱称为直棱柱。底面是正多边形的棱柱称正棱柱。如图 11-3，为正四棱柱 $ABCD$-$A'B'C'D'$。

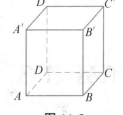

图 11-3

设正棱柱的高为 h，底面的面积为 $S_底$，则正棱柱的体积公式：

$$V_{正棱柱}=S_底\times h$$

【例 11-1】 混凝土柱柱高为 180cm 混凝土柱的长和宽分别为 60cm 和 30cm，请计算该柱的体积。

【解】 柱体为长为 0.6m，宽为 0.3m，高为 1.8m 的长方体。

根据长方体体积＝长×宽×高，

$V=0.6\times0.3\times1.8=0.324$ （m^3）

即柱体积为 $0.324m^3$。

任务 11.2 正棱锥体积的计算

底面是正多边形，其余各面是全等的等腰三角形的棱锥叫作正棱锥，

图 11-4 表示正四棱锥 $P\text{-}ABCD$。

设 $S_\text{底}$ 表示正棱锥的底面的面积，h 是正棱锥的高。

则正棱锥的体积公式

$$V_\text{正棱锥}=\frac{1}{3}S_\text{底}\,h$$

【例 11-2】 如图 11-5 是一个正四棱锥，计算其体积（单位 m）。

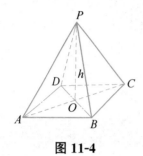

图 11-4

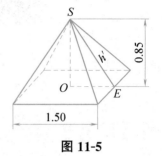

图 11-5

【解】 $V_\text{正四棱锥}=\dfrac{1}{3}S_\text{底}\,h=\dfrac{1}{3}a^2h=\dfrac{1}{3}\times1.5^2\times0.85$

$=0.6375\text{m}^3$

任务 11.3 棱台及圆台

11.3.1 正四棱台

正棱台体积的计算

用一个平行于四棱锥底面的平面去截棱锥，介于底面与截面之间的多面体称为四棱台。棱台的两个相互平行的面称为棱台的底面（上底面和下底面）；其他面称为棱台的侧面，棱台的侧面都是梯形；两底面之间的距离称为棱台的高。图 11-6 的四棱台可记作棱台 $ABCD\text{-}A_1B_1C_1D_1$。由正四棱锥截得的棱台称为正四棱台。

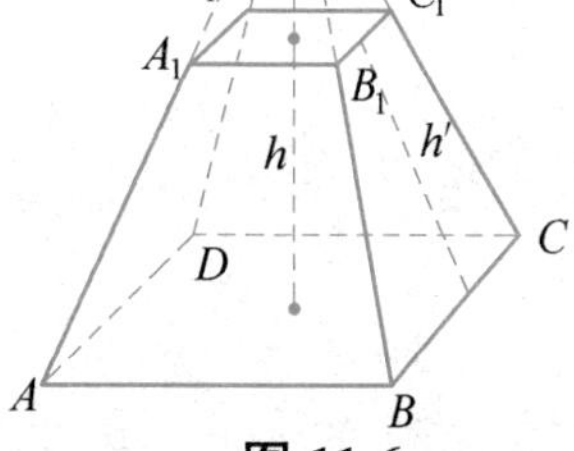

设正棱台的高为 h，上底面面积为 $S_\text{上}$，下底面面积为 $S_\text{下}$，侧面梯形的高为 h'，则正棱台的体积公式为

图 11-6

$$V=\frac{1}{3}(S_\text{上}+S_\text{下}+\sqrt{S_\text{上}\,S_\text{下}})h$$

设正四棱台上底面积为 S_1，下底面积为 S_2，S_0 为中截面面积，高为 h。a_1、b_1 为上底长与宽，a_2、b_2 为下底长与宽，则正四棱台的体积公式为：

$$V=[S_1+4S_0+S_2]\times\frac{h}{6}$$

$$=\frac{h}{6}\times[a_1\times b_1+a_2\times b_2+(a_1+a_2)\times(b_1+b_2)]$$

【例 11-3】 已知正四棱台的两个底面的边长分别是 3m 和 6m，高为 5m，求其体积。

【解 1】 已知正四棱台的两个底面分别是边长为 3m 和 6m 的正方形

则 $S_上=3\times3=9$ $S_下=6\times6=36$

$$V=\frac{1}{3}(S_上+S_下+\sqrt{S_上\,S_下})h$$

$$V=\frac{1}{3}(9+36+\sqrt{9\times36})\times5=105(\text{m}^3)$$

即正四棱台的体积是 105m³。

【解 2】 已知 $a_1=b_1=3$，$a_2=b_2=6$，$h=5$

$$V=\frac{h}{6}\times[a_1\times b_1+a_2\times b_2+(a_1+a_2)\times(b_1+b_2)]$$

则 $$V=\frac{5}{6}\times[3\times3+6\times6+(3+6)\times(3+6)]=105(\text{m}^3)$$

即正四棱台的体积是 105m³。

11.3.2 圆台

一般地，直角梯形以垂直底边的腰为轴旋转一周而成的几何体称为圆台．如图 11-7 所示。我们把旋转轴称为圆台的轴；底 OB'，OB 旋转而成的圆面称为圆台的底面；两个底面之间的距离称为圆台的高；另一腰 $B'B$ 旋转而成的曲面称为圆台的侧面；无论旋转到什么位置，腰 $B'B$ 称为圆台的母线。

设圆台的高为 h，上底面半径为 r，下底面半径为 R，母线长为 l，则圆台体积公式为：

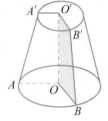

图 11-7

$$V=\frac{\pi}{3}(r^2+R^2+rR)h$$

【例 11-4】 已知圆台的两个底面半径分别是 2mm 和 6mm，高为 3mm，求它的体积。

【解】

$$V = \frac{\pi}{3}(r^2 + R^2 + rR)h$$

$$= \frac{\pi}{3}(2^2 + 6^2 + 2 \times 6) \times 3 = 52\pi$$

即圆台的体积是 52π。

任务 11.4　圆柱体积的计算

一个矩形以其一条边为轴旋转一周所形成的几何体叫作圆柱。如图 11-8 所示。

图 11-8

设圆柱的高为 h，底面圆的半径为 r，则圆柱的体积公式

$$V_{圆柱} = \pi r^2 h$$

【例 11-5】　已知圆柱的底面半径为 2m，高为 4m，求圆柱的体积（精确到 0.01）。

【解】　根据 $V = \pi r^2 h$

$$V = 3.142 \times 2^2 \times 4 = 50.27 \text{m}^2$$

即圆柱的体积是 50.27m^2。

任务 11.5　球及半球（球缺）体积的计算

设球（图 11-9）的半径为 R，则球的体积的计算公式如下：

$$V_{球} = \frac{4}{3}\pi R^3$$

用一个平面去截球，截下的部分称为球缺。如图 11-10 所示。

平面截球所得的圆周面称为球缺的底面。

垂直于底面的直径被截下的线段称为球缺的高。

设球缺的高为 h，所在球面的半径为 R，则球缺的体积为

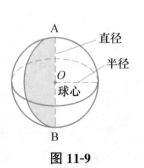

图 11-9

$$V_{球缺}=\frac{1}{3}\pi h^2(3R-h)$$

【例11-6】 运油车上的油罐是由一个圆筒和两个相同的球冠组成的。油罐的尺寸如图11-11所示（单位为m），求油罐的容积。

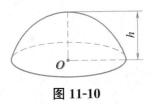

图 11-10

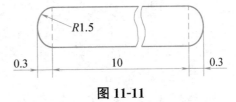

图 11-11

【解】 设圆筒的半径为 r ，即 r 也是球冠底面的半径，球冠高 $h=0.3$，

则 $r=\sqrt{R^2-(R-h)^2}=\sqrt{1.5^2-(1.5-0.3)^2}$

$=0.9\mathrm{m}$

$\therefore V_{球缺}=\frac{1}{3}\pi h^2(3R-h)\times 2$

$=\frac{1}{3}\pi 0.3^2(3\times 1.5-0.3)\times 2$

$=0.39564(\mathrm{m}^3)\quad 0.79128(\mathrm{m}^3)$

$V_{圆筒}=S_{底}\times h=\pi r^2 h=3.14\times 0.9^2\times 10=25.434(\mathrm{m}^3)$

$V=V_{球缺}+V_{圆筒}$

$=0.79128+25.434$

$\approx 26.23(\mathrm{m}^3)$

即油桶的容积是 26.23m³。

任务 11.6 简单组合体体积的计算

计算空间组合体体积时，应该首先考虑这个空间组合体是由哪些基本几何体——柱、锥、球组合而成的，然后通过计算这些基本几何体的体积得到空间组合体的体积。

空间组合体
体积计算

【例11-7】 如图11-12所示，混凝土桥桩是由正四棱柱与正四棱锥组合而成的几何体，已知正四棱柱的底面边长为 5m，高为 10m，正四棱锥的高为 4m。

图 11-12

求这根桥桩约需多少混凝土（精确到 0.01t）？（混凝土的密度为 $2.25t/m^3$）

【解】 $V_{柱体}=S_{底}\times h=5\times5\times10=250$（$m^3$）

$V_{椎体}=\dfrac{1}{3}S_{底}\,h=\dfrac{1}{3}\times5\times5\times4$

$\qquad=\dfrac{100}{3}=33.333$（$m^3$）

$V=V_{柱体}+V_{锥体}=250+33.333$

$\quad=283.333$（m^3）

需混凝土＝$283.333\times2.25=637.50$（t）

即这根桥桩需 637.50t 混凝土。

土木工程应用数学

工作任务单

班级＿＿＿＿＿＿＿＿

学号＿＿＿＿＿＿＿＿

姓名＿＿＿＿＿＿＿＿

中国建筑工业出版社

目　录

项目 1 工作任务单

课题	任务 1 解方程与方程组				
班级		姓名		学号	

知识要点	1. 利用等式的性质解一元一次方程： 性质 1　等式两边加（或减）同一个数（或式子），结果仍相等。 性质 2　等式两边同时乘以或除以同一个不为零的数，结果仍相等。 2. 一元二次方程的解法有配方法、公式法、因式分解法。 $\Delta=b^2-4ac$ 叫作一元二次方程 $ax^2+bx+c=0(a\neq0)$ 根的判别式。 ① 当 $\Delta>0$ 时，方程 $ax^2+bx+c=0$ （$a\neq0$），有两个不等的实数根； ② $\Delta=0$ 时，方程 $ax^2+bx+c=0$ （$a\neq0$），有两个相等的实数根； ③ 当 $\Delta<0$ 时，方程 $ax^2+bx+c=0$ （$a\neq0$）无实数根。 当 $\Delta\geq0$ 时，方程 $ax^2+bx+c=0$ （$a\neq0$）的实数根可写为： $$x=\frac{-b\pm\sqrt{b^2-4ac}}{2a}$$ 3. 二元一次方程组解法有两种：代入消元法、加减消元法。
工作任务	掌握　<u>一元一次方程、一元二次方程、一元二次方程组的解法</u>，题型有填空题、单选题、解一次方程、解二次方程、解方程组、案例题。
填空题	（1）已知 x 与 x 的 3 倍的和比 x 的 2 倍少 6，列出方程： _____ （2）已知三个连续的偶数的和为 60，则这三个数是_____ （3）用_____法解方程 $2(x-3)^2=3x-9$ 比较简便 （4）x^2+x+_____$=(x+$__$)^2$

<table>
<tr><td rowspan="1">填空题</td><td>

（5）若一元二次方程 $ax^2+bx+c=0$ $(a\neq0)$ 有一个根为 -1，则 a、b、c 的关系是 _____

（6）已知方程 $ax^2-bx-1=0$ 和 $2ax^2+bx-5=0$，有共同的根 -1，则 $a=$ _____ $b=$ _____

（7）二元一次方程 $4y-3x=14$，当 $x=0$，1，2，3 时，$y=$ _____

（8）方程组 $\begin{cases} x+y=a \\ xy=b \end{cases}$ 的一个解为 $\begin{cases} x=2 \\ y=3 \end{cases}$，那么这个方程组的另一个解是 _____ 。

【解】（1）$x+3x-2x=-6$ 即 $2x=-6$　　（2）18，20，22

（3）因式分解　　　　　　　　　　　　　（4）1/4　　1/2

（5）$\dfrac{-b\pm\sqrt{b^2-4ac}}{2a}=-1$　化简得到 $a=b-c$

（6）$a=-b+1$，$2a=b+5$　得到 $a=2$，$b=-1$

（7）3.5、4.25、5、5.75

（8）$x=3$，$y=2$

</td></tr>
<tr><td rowspan="1">单选题</td><td>

（1）方程 $2m+x=1$ 和 $3x-1=2x+1$ 有相同的解，则 m 的值为（　　）

A. $-\dfrac{1}{2}$　　　　B. 2　　　　C. -1　　　　D. 1

（2）下列方程中，常数项为零的是（　　）

A. $x^2+x=1$　　　　　　　　B. $2x^2-x-12=12$；

C. $2(x^2-1)=3(x-1)$　　　D. $2(x^2+1)=x+2$

（3）判别方程 $5x^2+1=4x^2-14x$ 根的情况（　　）

A. 一个　　　　B. 两个　　　　C. 无根　　　　D. 三个

（4）方程 $2x^2+10x+16=0$ 的两个根的和为（　　）

A. 8　　　　B. -5　　　　C. 5　　　　D. -8

（5）关于 x 的一元二次方程 $(a-1)x^2+x+a^2-1=0$ 的一个根是 0，则 a 值为（　　）

A. 1　　　　B. -1　　　　C. 1或-1　　　D. $\dfrac{1}{2}$

（6）若 $\begin{cases} x=-1 \\ y=2 \end{cases}$ 是二元一次方程组的解，则这个方程组是（　　）

A. $\begin{cases} 3x-y=-5 \\ x+2y=3 \end{cases}$　　　　B. $\begin{cases} y=2x \\ x-5=2y \end{cases}$

C. $\begin{cases} 2x+y=5 \\ x+y=1 \end{cases}$　　　　D. $\begin{cases} y=2x \\ y=3x+1 \end{cases}$

</td></tr>
</table>

单选题	【解】　(1) A　(2) D　(3) B　(4) B　(5) C　(6) A
解一次方程	(1)　$11x+64-2x=100-9x$ (2)　$2(x-2)-3(4x-1)=9(1-x)$ (3)　$\dfrac{2}{3}y+\dfrac{3}{2}y=7$ (4)　$\dfrac{11}{2}x+\dfrac{64-2x}{6}=\dfrac{100-9x}{8}$ 【解】　2、−10、42/13、44/151
解二次方程	(1)　$(3-y)^2+y^2=5$ (2)　$y^2+2\sqrt{5}\,y+5=0$

解二次方程	(3) $(y-3)(y+2)=5-y$ 【解】 (1) 1、2　　(2) $y_1=y_2=-\sqrt{5}$　　(3) $\pm\sqrt{11}$
解方程组	(1) $\begin{cases} 2x-3y=13 \\ -x+5=4y \end{cases}$ (2) $\begin{cases} 5m+2n=5b \\ 3m+4n=3b \end{cases}$（其中 b 为常数） 【解】 (1) $x=\dfrac{67}{11}$　$y=\dfrac{3}{11}$　　(2) $m=b$，$n=0$
案例题	配制 $1m^3$ 混凝土拌合物，单方用水量为 180kg，水灰比为 0.45，拌合物湿表观密度为 $2400kg/m^3$，砂率为 35%，试确定配 $1m^3$ 混凝土拌合物所用材料的质量（单方用水泥量、单方用砂量、单方用石量）。 【解】 设用砂量为 x，用石量为 y 单方用水泥量＝180/0.45＝400kg， $400+180+x+y=2400$ $x/(x+y)=35\%$ 　　$x+y=2400-180-400=1820$， 　　$x=1820\times35\%=637kg$， 　　$y=1820-637=1183kg$
教师评价	

项目 2　工作任务单

课题	任务 2　解 不 等 式				
班级		姓名		学号	

知识 要点	1. 不等式具有如下性质： 性质 1　如果 $a>b$，且 $b>c$，那么 $a>c$。 性质 2　不等式两边同时加上（或减去）同一个数，不等号的方向不变。 性质 3　不等式两边同时乘（或除以）同一个正数，不等号的方向不变；不等式两边同时乘（或除以）同一个负数，不等号方向改变。 2. 解不等式可以"移项"，即把不等式一边的某项变号后移到另一边，而不改变不等号的方向，一般地，利用不等式的性质，采取与解一元一次方程相类似的步骤，就可以求出一元一次不等式的解集。
工作 任务	掌握____解不等式____，题型有填空题、单选题、看图解答和案例题。
填空题	1. 若 $x>y$，则 $x-n$ _____ $y-n$； 2. 若 $x<y$，则 $m-x$ _____ $m-y$； 3. 若 $x>y$，则 m^2x _____ m^2b； 4. 若 $x<y$，则 $-m^2x$ _____ $-m^2y$； 5. 若 $m=-2n+5$，当 n _____ 时，$m<0$；当 n _____ 时，$m\geqslant4$； 6. 已知 $y_1=x-2$，$y_2=-3x+10$。当 x _____ 时，$y_1=y_2$；当 x _____ 时，$y_1<y_2$；当 x _____ 时，$y_1>y_2$。 答案： 1. $>$ 2. $>$ 3. $>$ 4. $>$ 5. $n>\dfrac{5}{2}$；$n\leqslant\dfrac{1}{2}$ 6. 3；<3；>3

单选题	1. 已知不等①、②、③的解集在数轴上的表示如图所示，则它们的公共部分的解集是（　　）。 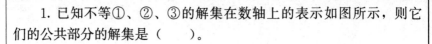 A. $-1 \leqslant x < 3$　　B. $1 \leqslant x < 3$　　C. $-1 \leqslant x < 1$　　D. 无解 2. 若 $m > n$，则 $am > an$，则 a 一定是（　　）。 A. $a \geqslant 0$　　　　B. $a \leqslant 0$　　　　C. $a > 0$　　　　D. $a < 0$ 3. 下列选项正确的是（　　）。 A. $m+1 \geqslant m$　　B. $m+1 \leqslant m$　　C. $m+1 > m$　　D. $m+1 < m$ 4. 下列选项中，正确的是（　　）。 A. 若 $x > 0$，$y < 0$，则 $\frac{y}{x} > 0$　　B. 若 $x > y$，则 $x - y > 0$ C. 若 $x < 0$，$y < 0$，则 $xy < 0$　　D. 若 $x > y$，$x < 0$，则 $\frac{y}{x} < 0$ 5. 下列选项变形不正确的是（　　）。 A. 如果 $m > n$，则 $n < m$　　　　B. 如果 $-m > -n$，则 $n > m$ C. 若 $-2y > m$，则 $y > -\frac{1}{2}m$　　D. 若 $-\frac{1}{2}x > -y$，则 $x > -2y$ 6. 下列不等式一定能成立的是（　　）。 A. $a+b > a-b$　　　　　　B. $a^2 + b \geqslant b$ C. $a > -a$　　　　　　　　D. $\frac{a}{10} < a$ 答案：1. B　2. C　3. C　4. B　5. D　6. B
计算题	(1) $\begin{cases} \frac{2x}{3} - \frac{1}{2} > x \\ -\frac{x}{2} - 3 > 2 \end{cases}$ (2) $\begin{cases} -3x \leqslant 12 \\ 12x - 1 < 3x - 1 \end{cases}$ (3) $\begin{cases} \frac{2x-7}{2} - \frac{x+1}{2} < 0 \\ \frac{1}{2}(4x-5) > x - \frac{1}{4}(7-x) \end{cases}$

计算题	$(4)\begin{cases}x+3<9-2x\\x-1<2\\2-x\leqslant3x+7\end{cases}$ 答案：1. $x<-\dfrac{5}{2}$ 　　　2. $-4\leqslant x<0$ 　　　3. $1<x<8$ 　　　4. $-\dfrac{5}{4}\leqslant x<2$
案例题	1. 某土方工程回填施工，现场采用环刀法取样，实验室测得该填土的最大干密度 $\rho_{dmax}=2.0g/cm^3$，设计要求的压实系数 $[\lambda]=0.96$，则回填土的实际干密度应为多少？ 【解】 回填土的质量控制标准是 $\rho_d/\rho_{dmax}\geqslant[\lambda_c]$ 根据题意，已知 $\rho_{dmax}=2.0g/cm^3$，$[\lambda_c]=0.96$ 因此，回填土的实际干密度 $\rho_d\geqslant0.96\times2.0$ 即 $\rho_d\geqslant1.92g/cm^3$ 2. 某轻型井点采用单排布置，井点管埋设面距基坑底的垂直距离为 3.0m，井点管至基坑另一侧的水平距离 5.2m，则井点管的埋设深度（不包括滤管长）至少应为多少？ 【解】　　　　　　　$H\geqslant H_1+h+iL$ $H_1+h+iL=3.0+0.5+1/4\times5.2$ $=4.8m$ 因此，井点管的埋设深度（不包括滤管长）至少应为 4.8m。 3. 若对某角观测一个测回的中误差为 $\pm6''$，要使该角的观测精度达到 $\pm2.5''$，至少需要观测（　　）个测回。 A. 3　　　　　B. 4　　　　　C. 5　　　　　D. 6 【解】　根据测量误差计算，设测回数为 x，列出方程 $\dfrac{6}{\sqrt{x}}<2.5$ 实际测量中，观测测回数应为整数。解出 $x>5.76$，所以 x 应取 6，该题选 D。

案例题	4. 某普通独立基础底板配筋集中标注为"B: X&Y Φ12@200"时，在底板绑扎钢筋施工中第一根钢筋到基础边缘的起步距离为（　　）。 A. 50　　B. 75　　　C. 100　　　　D. 150 【解】 起步筋定位尺寸：≤$S/2$ 和≤75mm 两者比较取小值 其中，$S=200$mm， 因此第一根钢筋到基础边缘的起步距离为： $S/2=200\div2=100$mm 和 75mm 比较取小值，得 75mm。该题选 B。
看图 解答	某工程结构抗震等级为三级，梁的截面尺寸 600mm（梁高）×300mm（梁宽），计算梁箍筋加密区长度（　　）。 注：根据有关规范的规定，结构抗震等级为三级时，梁箍筋加密区范围≥$1.5h_b$（h_b 为梁高），且≥500mm。 【解】 当结构抗震等级为三级时，梁箍筋加密区长度≥$1.5h_b$，且≥500mm。本项目 $h_b=600$mm 因此，≥$1.5h_b=1.5\times600=900$mm 　　　　≥500mm 两者取大值为 900mm。
教师 评价	

项目3　工作任务单

课题	任务3　计算器的应用				
班级		姓名		学号	
知识 要点					
工作 任务	掌握　计算器的构造、功能及操作应用　。				

选择题	**例 1**　某块材干燥时质量为 115g，自然状态下体积为 $44cm^3$，磨细成粉后绝对密实状态下的体积为 $37cm^3$，试计算它的表观密度 ρ_0、实际密度 ρ 和孔隙率 P。 【解】 $$\rho_0 = \frac{m}{V_0} = \frac{115}{44} = 2.61(g/cm^3)$$ $$\rho = \frac{m}{V} = \frac{115}{37} = 3.11(g/cm^3)$$ $$P = 1 - \frac{\rho_0}{\rho} = 1 - \frac{2.61}{3.11} = 16\%$$ **例 2**　有一块烧结普通砖，在吸水饱和状态下重 2900g，其绝干质量为 2550g。试计算该砖的吸水率。 【解】 $$W_{质} = \frac{m_{湿} - m_{干}}{m_{干}} \times 100\% = \frac{2900-2550}{2550} = 13.7\%$$ **例 3**　某材料的密度为 $2.68g/cm^3$，表观密度为 $2.34g/cm^3$，720g 绝干的该材料浸水饱和后擦干表面并测得质量为 740g。求该材料的孔隙率、质量吸水率、体积吸水率、开口孔隙率、闭口孔隙率（假定开口孔全可充满水）。 【解】 $$P = 1 - \frac{\rho_0}{\rho} = 1 - \frac{2.34}{2.68} = 12.7\%$$

$$w_{质} = \frac{m_{湿} - m_{干}}{m_{干}} \times 100\% = \frac{740 - 720}{720} = 2.78\%$$

$$w_{体} = w_{质} \cdot \rho_0 = 2.78\% \times 2.34 = 6.5\% = P_{开}$$

$$P_{闭} = P - P_{开} = 12.7\% - 6.5\% = 6.2\%$$

例 4　某自卸卡车平装满时的容量为 $4m^3$，砂子的堆积密度 ρ_0' 为 $1550kg/m^3$，本卡车平装能运几吨砂子？

【解】

$$m = \rho_0' \cdot V_0' = 1550 \times 4 = 6200(kg) = 6.2(t)$$

例 5　在配混凝土时，一方混凝土拌合物要用到 $680kg$ 干砂子，可是施工现场只有含水率为 4% 的湿砂子，称多少千克正好够用，带进来多少水？

【解】

$$w_{含} = \frac{m_{含} - m_{干}}{m_{干}} \times 100\%,$$

$$\therefore m_{含} = w_{含} \cdot m_{干} + m_{干} = 4\% \times 680 + 680 = 707.2(kg)$$

$$m_{水} = m_{含} - m_{干} = 707.2 - 680 = 27.2(kg)$$

例 6　拉伸前 $d_0 = 10mm$，$l_0 = 50mm$，拉伸后 $l_1 = 65mm$；屈服荷载 $F_s = 21kN$，极限荷载 $F_b = 34.6kN$，颈缩部位直径 $d_1 = 6.8mm$。求屈服强度 σ_s、抗拉强度 σ_b、伸长率 δ 和断面收缩率（强度等于力除以面积，也就是单位面积受多大的力，每平方毫米多大的力就屈服了，或者破坏了）。

【解】

原面积：$S = 3.14 \times (10/2)^2 = 78.54$ （m^2）

屈服强度：$\sigma_s = 21000/78.54 = 267$ （MPa）

抗拉强度：$\sigma_b = 34600/78.54 = 441$ （MPa）

伸长率 $\delta = (65 - 50)/50 = 30\%$

断面收缩率 $= [78.54 - 3.14 \times (6.8/2)^2]/78.54 = 53.78\%$

例 7　已知卵石的密度为 $2.6g/cm^3$，把它装入一个 $2m^3$ 的车箱内，装平时共用 $3500kg$。求该卵石此时的空隙率为多少？若用堆积密度为 $1500kg/cm^3$ 砂子，填入上述车内卵石的全部空隙，共需砂子多少千克？

【解】

堆积密度 $= 3500/2 = 1750kg/cm^3 = 1.75$ （g/cm^3）

空隙率 $= 1 - 1.75/2.6 = 32.7\%$

$2 \times 32.7\% \times 1500 = 981$ （kg）

选择题

填空题	例1 道岔型号的计算： 道岔的型号为两条线路夹角的余切值，即 $N = \cot\alpha$。 (1) 当 $\alpha = 4°45'49''$时，$N =$ _____ (2) 当 $\alpha = 3°10'47.39''$时，$N =$ _____ 【解】 (1) 12　(2) 18 例2　使用计算器进行下列角度计算： (1) $75°12'12'' - 0°02'30'' =$ (2) $184°12'21'' - 90°17'30'' =$ (3) $(56°12'55'' + 56°13'12'') \div 2 =$ 【解】 度、分、秒进制为 60 (1)　75°　12′　12″ 　−　0°　02′　30″ 　　———————— 　　75°　09′　42″ (2) 184°　12′　21″ 　−　90°　17′　30″ 　　———————— 　　93°　54′　51″ (3)　56°　12′　55″ 　+　56°　13′　12″ 　　———————— 　 112°　26′　07″ $112°26'07'' = 56°13'03.5''$
案例题	例1　某医院装修需要购入两种新的木质夹板门如图 3-1 所示，购入门的规格大小及数量见表 3-1，计算出两种规格木质夹板门面积总和为多少平方毫米（面积＝门宽×门高）？

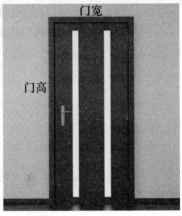

图 3-1

门窗数量及门窗规格一览表（单位：mm）　　　表 3-1

名称	规格(门宽×门高)	数量
木质夹板门	1000×2100	8
木质夹板门	1500×2100	3

案例题

【解】

木质夹板门总面积＝第一种门门宽×门高×数量＋第二种门宽×门高×数量＝1000×2100×8＋1500×2100×3＝26250000（mm^2）

例2 在框架柱中钢筋种类有两种，分别为纵筋、箍筋图 3-2。由图 3-3 可知框架柱箍筋是由一个双肢箍（图 3-4）和两个单肢箍组成（图 3-5），已知双肢箍长度为 $0.6 \times 4 - 8 \times 0.03 + 31.8 \times 0.02$（m），一个单肢箍长度为 $0.6 - 2 \times 0.03 + 31.8 \times 0.02$（m），求框架柱箍筋总长度是多少米？

图 3-2

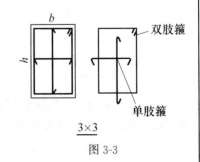

3×3

图 3-3

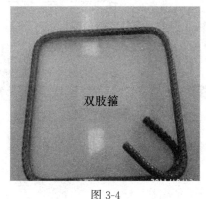

双肢箍

单肢箍

图 3-4   图 3-5

【解】

箍筋总长度＝双肢箍长＋单肢箍长×2＝0.6×4－8×0.03＋31.8×0.02＋(0.6－2×0.03＋31.8×0.02)×2＝5.148(m)

案例题

例 3 在框架梁与框架柱相交的位置，梁的顶部设有支座负筋(图 3-6、图 3-7)。在一号办公楼图纸（图 3-8）中，框架梁内支座负筋钢筋信息为 2ϕ22，即 2 根直径为 22 的钢筋。已知一根支座负筋长＝15×钢筋直径＋支座宽－保护层＋l_n/3。支座宽为 0.5m，保护层为 0.03m，l_n 为 7.2m。求支座负筋总长。

图 3-6

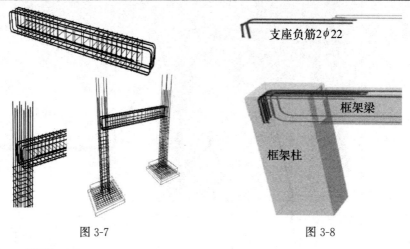

图 3-7

支座负筋2φ22

框架梁

框架柱

图 3-8

【解】

支座负筋总长＝一根支座负筋长×2 根＝(15×0.022＋0.5－0.03＋7.2/3)×2＝6.4(m)

例 4 表 3-2 是蓝天小学工程的工程量清单预算书，在预算书中的分部分项工程量清单综合单价分析表里（表 3-3），可查得独立基础、满堂基础、C30 矩形柱、C35 矩形柱的合价分别是多少，汇总计算这四项合价的总和是多少元？

已知人工费＋材料费＋机械费＋管理费和利润＝综合单价，求 C30 矩形柱的人工费，C35 矩形柱的材料费是多少钱？

表 3-2

表 3-3

分部分项工程量清单综合单价分析表

工程名称：蓝天小学　　　　　　　　　　　　　　　　　　　　　　第 4 页　共 20 页

序号	项目编号 (定额编号)	项目名称	单位	数量	综合单价 (元)	合价 (元)	综合单价组成(元)				人工 单价 (元/ 工日)
							人工费	材料费	机械费	管理费 和利润	
12	010501003001	独立基础 1.混凝土种类:预拌混凝土泵送 2.混凝土强度等级:C35	m³	17.26	336.96	5815.93	40.59	284.9	1.19	10.29	
13	010501004001	满堂基础 1.混凝土种类:预拌混凝土泵送 2.混凝土强度等级:C35	m³	148.1	330.22	48889.1	34.58	285.64	1.19	8.81	
14	010502001001	矩形柱 1.混凝土种类:预拌混凝土泵送 2.混凝土强度等级:C30	m³	20.74	380.82	7898.21		265.51	2.32	22.77	
15	010502001001	矩形柱 1.混凝土种类:预拌混凝土泵送 2.混凝土强度等级:C35	m³	12.27	395.65	4854.63	90.22		2.32	22.77	

【解】

合价总和＝独立基础合价＋满堂基础合价＋C30 矩形柱合价＋C25 矩形柱合价＝5815.93＋48889.1＋7898.21＋4854.63＝67457.87（元）

C30 矩形柱的人工费＝C30 矩形柱的综合单价－材料费－机械费－管理费和利润＝380.82－265.51－2.32－22.77＝90.22（元）

C35 矩形柱的材料费＝C35 矩形柱的综合单价－人工费－机械费－管理费和利润＝395.65－90.22－2.32－22.77＝280.34（元）

例 5　水泥：砂子：石子＝1：X：Y 称为混凝土实验室配合比。已知 C20 混凝土的实验室配合比为 1：2.55：5.12，1m³ 混凝土的水泥用量为 310kg，请计算实验室状态下 1m³ 混凝土砂子、石子的用量。

【解】

1. 1m³ 混凝土砂子用量

C20 混凝土的实验室配合比，水泥：砂子＝1：2.55，已知 1m³ 混凝土水泥用量为 310kg，根据 1：2.55＝310：沙子用量，即砂子用量＝310×2.55＝790.5kg。

案例题

	2. $1m^3$ 混凝土石子用量
	C20 混凝土的实验室配合比,水泥:石子＝1:5.12,已知 $1m^3$ 混凝土的水泥用量为 310kg,根据 1:5.12＝310:石子用量,即石子用量＝310×5.12＝1587.2kg。
案例题	**例6** 单位用水量为 185kg,水灰比为 0.5,拌合物湿表观密度为 $2400kg/m^3$,砂率为 35%,试确定配 $1m^3$ 混凝土拌合物所用材料的质量(单位用量)。
	【解】 水泥＝185/0.5＝370kg, 砂石＝2400－185－370＝1845kg, 砂＝1845×35%＝646kg, 石＝1845－646＝1199kg。
	例7 设计配合比为 280:670:1200:140,施工现场砂含水率 a＝5%,石子含水率 b＝2%,试换算施工配合比。
	【解】 连比的化简,每个数同乘以或除以一个数,连比不变。 水泥＝280kg, 湿砂＝670×1.05＝703.5kg, 湿石子＝1200×1.02＝1224kg, 取水量＝140－670×5%－1200×2%＝82.5kg, 施工配合比＝280:703.5:1224:82.5＝1:2.51:4.37,水灰＝140/280＝0.5。
	例8 楼梯中钢筋种类有楼梯板底部受力筋、楼梯板底部分布筋、楼梯板顶部支座负筋、楼梯板顶部分布筋,楼梯板底部受力筋如图 3-9 所示。根据图 3-10 可知楼梯受力筋长度＝100mm×2＋钢筋斜段长。钢筋斜段长与梯板跨度 L_n、踏步段高度 H_s 形成一个直角三角形,根据勾股定理钢筋斜段长＝$\sqrt{L_n^2+H_s^2}$。图 3-11 为某办公楼楼梯平面图,已知 L_n＝300×12 (mm),图 3-12 为某办公楼楼楼梯剖面图,已知 H_s＝150×2 (mm),计算楼梯底部受力筋单根长(计算过程换成米计算)。

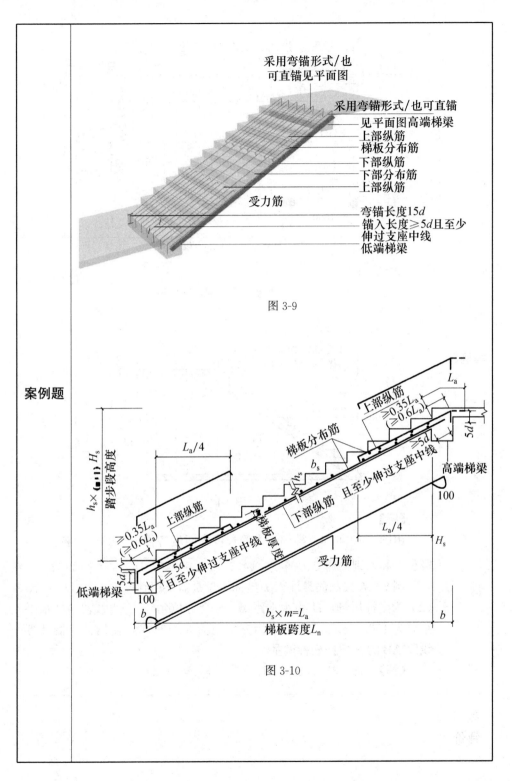

采用弯锚形式/也
可直锚见平面图

采用弯锚形式/也可直锚
见平面图高端梯梁
上部纵筋
梯板分布筋
下部纵筋
下部分布筋
上部纵筋

受力筋

弯锚长度15d
锚入长度≥5d且至少
伸过支座中线
低端梯梁

图 3-9

案例题

图 3-10

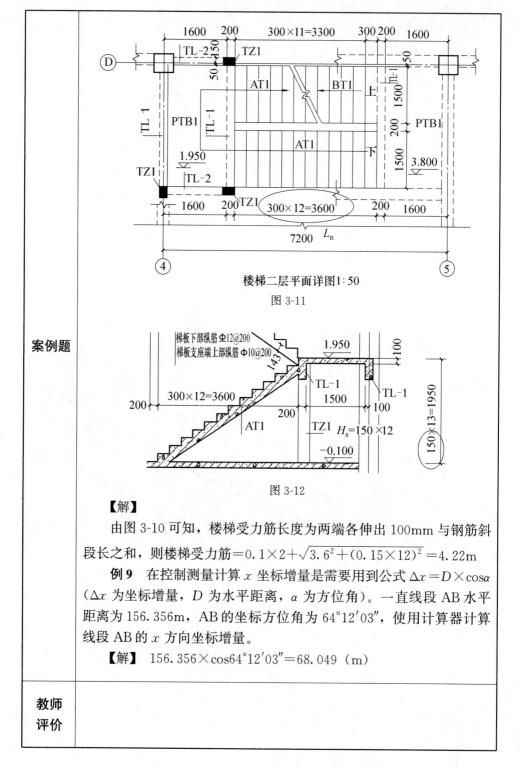

楼梯二层平面详图1:50

图 3-11

图 3-12

【解】

由图 3-10 可知，楼梯受力筋长度为两端各伸出 100mm 与钢筋斜段长之和，则楼梯受力筋 $=0.1\times2+\sqrt{3.6^2+(0.15\times12)^2}=4.22$m

例 9 在控制测量计算 x 坐标增量是需要用到公式 $\Delta x=D\times\cos\alpha$（$\Delta x$ 为坐标增量，D 为水平距离，α 为方位角）。一直线段 AB 水平距离为 156.356m，AB 的坐标方位角为 $64°12'03''$，使用计算器计算线段 AB 的 x 方向坐标增量。

【解】 $156.356\times\cos64°12'03''=68.049$（m）

案例题

教师
评价

项目 4　工作任务单

课题	任务 4　加减乘除、乘方开方计算				
班级		姓名		学号	
知识 要点	加减乘除、乘方开方的运算法则及计算方法				
工作 任务	掌握加减乘除、乘方开方的计算，题型有填空题、单选题、看图 解答和案例题。				
填空题	1. $1.536+1.230=($　　　　$)$ 2. $1.242-0.736=($　　　　$)$ 3. $1.373-1.954=($　　　　$)$ 4. $(1.479-0.864)\times100=($　　　　$)$ 5. $1.216+(-0.362)+(-0.696)+(-0.128)=($　　　　$)$ 6. $0.040\div40\times8=($　　　　$)$ 7. 混凝土中的砂子质量/石子质量$=0.52$，砂率（　　　） 　名词解释：砂率就是砂占砂石总量的比例，例如砂率 35%，即 在砂石里面，砂占 35%，石子占 65%。 　【解】　1. 2.766　　2. 0.506　　3. -0.581　　4. 61.5 5. 0.030　　6. 0.008　　7. 砂率$=0.52/1.52=34$%				
单选题	1. 已知 A、B 点的绝对高程为 $H_A=78.249$m，$H_B=85.467$m， 则 A、B 两点的高差 h_{AB}（　　　　） 　A. -17.218m　　B. 7.218m　　C. -7.218m　　D. 17.218m 　【解】　AB 的高差应用 B 点的高程减 A 点的高程，故选 B。 2. 水准测量中 A 点为后视点，尺上读数为 1.328m，B 点为前视 点，尺上读数为 1.435m 则 A、B 两点高差 h_{AB} 为（　　　　）。 　A. -0.107m　　B. 2.763m　　C. -2.763m　　D. 0.107m				

单选题	【解】 AB高差应用后尺上读数减前尺上读数，故选 A。 3. 一个水平角欲测四个测回，各测回起始方向角的读数应置于（ ）附近。 　　A. 0°45°90°135°　　　　　　B. 0°30°60°90° 　　C. 0°45°90°120°　　　　　　D. 0°90°180°270° 【解】 各测回起始方向的度数按 $\dfrac{180}{n}$ 变换度盘起始位置，n 为测回数，题中因为 180/4＝45°递增变换度盘位置，故选 A。 4. 一块砖重 2625g，其含水率 5%，该湿砖所含的水量为（ ）。 　　A. 131.25g　　B. 129.76g　　C. 130.34g　　D. 125g 【解】 含水率是干燥材料在潮湿空气中吸收水分的质量百分比，故选 D。
案例题	1. 某给水工程的管道工程量分别是：$DN20$，50m；$DN40$，20m；$DN50$，100m；$DN65$，20m；$DN80$，70m；$DN100$，10m；$DN125$，70m；$DN150$，8m。问：怎样计算管道消毒、冲洗的工程量？ 【解】 定额计量就可合并计算工程量 　　$DN50$ 工程量：50m＋20m＋100m＝170m 　　$DN100$ 工程量：20m＋70m＋10m＝100m 　　$DN200$ 工程量：70m＋8m＝78m 2. 某填土工程用 1 升环刀取土样，称其重量为 2.5kg，经烘干后称得重量为 2.0kg，则该土样的含水量为多少？ 【解】 土的含水量：土中水的质量与固体颗粒质量之比的百分率，可用下式计算： $$w＝\frac{m_w}{m_s}×100\%$$

式中　w——含水率（%）；

　　　　m_w——含水状态下土的质量（kg）；

　　　　m_s——烘干后土的质量（kg）。

$$w=\frac{m_w}{m_s}\times100\%=(2.5-2.0)/2.0=25\%$$

3. 某块材干燥时质量为 115g，自然状态下体积为 44cm^3，磨细成粉后绝对密实状态下的体积为 37cm^3，试计算它的表观密度 ρ_0、实际密度 ρ 和孔隙率 P。

案例题

【解】　$\rho_0=\dfrac{m}{V_0}=\dfrac{115}{44}=2.61$（g/cm^3）

$\rho=\dfrac{m}{V}=\dfrac{115}{37}=3.11$（g/cm^3）

$P=1-\dfrac{\rho_0}{\rho}=1-\dfrac{2.61}{3.11}=16\%$

4. 有一块烧结普通砖，在吸水饱和状态下重 2900g，其绝干质量为 2550g。试计算该砖的吸水率。

【解】　$w_质=\dfrac{m_湿-m_干}{m_干}\times100\%=\dfrac{2900-2550}{2550}=13.7\%$

5. 某自卸卡车平装满时的容量为 4m^3，砂子的堆积密度 ρ_0' 为 1550kg/m^3，本卡车平装能运多少吨砂子？

【解】　$m=\rho_0'\cdot V_0'=1550\times4=6200$（kg）$=6.2t$

6. 在配混凝土时，一方混凝土拌合物要用到 680kg 干砂子，可是施工现场只有含水率为 4% 的湿砂子，称多少千克正好够用，带进来多少水？

【解】

$$W_含=\frac{m_含-m_干}{m_干}\times100\%,\ \therefore m_含=W_含\cdot m_干+m_干=4\%\times680+680=707.2(\text{kg})$$

$$m_水=m_含-m_干=707.2-680=27.2(\text{kg})$$

7. 用30m钢尺丈量一段水平直线距离，往测为102.54m，返测为102.52m，求这段水平距离和丈量的误差。

【解】 水平距离为往返平均值：(102.54+102.52)÷2=102.53m

丈量的误差：用往返测量丈量差的绝对值除以平均距离并变成一个分子为1的分数，

丈量误差 $(102.54-102.52)\div102.53=\dfrac{0.02}{102.53}\approx\dfrac{1}{5126}$

8. 某大桥采取邀请招标方式选择施工单位。在离投标截止时间还差15d时，招标人书面形式通知甲、乙、丙3家承包商，将原招标文件中关于评标的内容调整如下：原评标内容总价、单价、技术、资信四个方面同等重要，（权数均为25%）依次修正为各占10%、40%、40%、10%，加大了单价和技术的评分权数。

假设甲、乙、丙各项评标内容得分如下：

投标单位	总价得分	单价得分	技术方案得分	资信得分
甲	92	96	95	92
乙	92	93	96	95
丙	96	92	96	92

问：总价、单价、技术方案、资信各项评审内容同等重要修正为10%、40%、40%、10%时，甲、乙、丙三家施工单位的综合得分会发生怎样变化？

左侧栏：**案例题**

案例题	【解】 修正之前三家公司的得分如下： 甲：（92＋96＋95＋92）/4＝93.75 乙：（92＋93＋96＋95）/4＝94 丙：（96＋92＋96＋92）/4＝94 修正以后三家公司的得分如下： 甲：$92×10\%＋96×40\%＋95×40\%＋92×10\%＝94.8$ 乙：$92×10\%＋93×40\%＋96×40\%＋95×10\%＝94.3$ 丙：$96×10\%＋92×40\%＋96×40\%＋92×10\%＝94$ 由此可以看出调整之前与调整之后三个单位的平均得分都有了变化，并且排名也发生了改变。
看图 解答	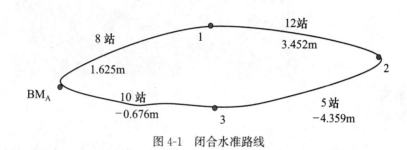 图 4-1　闭合水准路线 1. 图 4-1 为一闭合水准路线，观测四个测段，每测段测站数和实测高差如图 4-1 所示，计算： （1）高差闭合差； （2）总测站数； （3）允许高差闭合差。 【解】　（1）高差闭合差为： $1.625＋3.452＋（－4.359）＋（－0.676）＝＋0.042m$ （2）总测站数：$8＋12＋5＋10＝35$ （3）允许高差闭合差：$±12\sqrt{n}＝±12\sqrt{35}＝±71mm＝±0.071m$

2.图 4-2 为某楼梯间楼梯。从楼梯详图如图 4-3 可知，楼梯板的斜边与楼梯踏步总高度、楼梯踏步总宽度形成一个直角三角形。已知楼梯共 11 级踏步，一级踏步宽 300mm，一级踏步高 150mm，计算楼梯板斜边长即红色三角形斜边长是多少米（踏步总宽＝踏步级数×一级踏步宽，踏步总高＝踏步级数×一级踏步高，计算过程单位换成米计算）？

图 4-2　楼梯踏步图

看图
解答

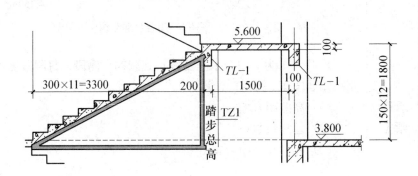

图 4-3　楼梯详图

【解】楼梯斜边长＝$\sqrt{踏步总宽^2+踏步总高^2}$＝$\sqrt{3.3^2+1.65^2}$＝$\sqrt{13.61m}$＝3.69（m）

3.图 4-4 为某办公楼实景图，其楼层结构标高见图 4-5，计算出−1 层至 4 层层高各多少米？

图 4-4　办公楼实景图

机房顶	19.500	
机房层	15.500	}4层
4	11.600	}3层
3	7.700	}2层
2	3.800	}1层
1	−0.100	}负1层
−1	−4.400	
层号	标高 H(m)	

结构层楼面标高

图 4-5　楼层结构标高

【解】　本层层高＝上层标高－本层标高

−1 层层高＝−0.1−(−4.4)＝4.3(m)

1 层层高＝3.8−(−0.1)＝3.9(m)

2 层层高＝7.7−3.8＝3.9(m)

3 层层高＝11.6−7.7＝3.9(m)

4 层层高＝15.5−11.6＝3.9(m)

机房层层高＝19.5−15.5＝4(m)

看图
解答

4. 在主梁与次梁相交的位置需要设置吊筋，吊筋是提高梁承受集中荷载抗剪能力的一种钢筋（图4-6）。图4-7为某工程梁内吊筋详图，已知吊筋长度=2a+2b+c，其中 $a=2\times20d$，$b=($ 主梁高$-0.05)/\sin45°$，$c=$ 次梁宽$+2\times0.05$，直径 d 为 0.02m，主梁高 0.5m，次梁宽 0.25m。计算吊筋长度是多少米？

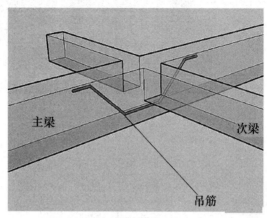

图 4-6　钢筋示意图

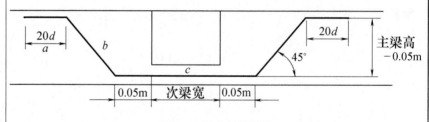

图 4-7　梁内吊筋详图

【解】　附加吊筋长度

$=2a+2b+c$

$=2\times20\times0.02+2\times(0.5-0.05)\times\sqrt{2}+0.25+2\times0.05$

$=0.8+1.273+0.35$

$=2.423$（m）

5. 图4-8是一个台阶式独立基础实景图，独立基础的体积可以看作三个长方体，已知台阶式独立基础三个长方体（如图4-9所示）的长分别为 2.4m、2m、0.8m，宽分别为 2.4m、2m、0.8m，高度都是 0.2m，计算该台阶式独立基础体积（长方体体积=长×宽×高）。

图 4-8　独立基础

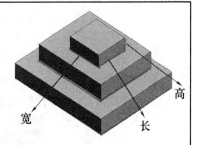

图 4-9　台阶式独立基础

【解】　台阶式独立基础体积

$=2.4 \times 2.4 \times 0.2 + 2 \times 2 \times 0.2 + 0.8 \times 0.8 \times 0.2 = 2.08$（m³）

6. 图 4-10 为一老式建筑大门，其简图 4-11 所示，该大门的形状是由一个长方形、一个半圆形组成，已知长方形、面积＝长×宽，圆的面积＝πR^2，计算该大门的面积是多少？

图 4-10　门立面图

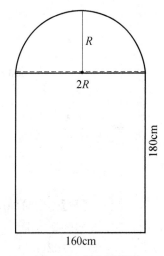

图 4-11　门立面简图

【解】　大门面积＝长方形面积＋半圆形面积

$=160 \times 180 + 3.14 \times 80^2 / 2$

$=28800 + 10048$

$=38848$（cm²）

看图解答	7. 图 4-12 是某小区室外台阶, 需要重新铺贴台阶面层, 简化后台阶平面图如图 4-13 所示, 台阶面层形状类似一个 L 形, 计算台阶面层面积是多少平方米? 台阶面层=台阶长×台阶宽-平台面积, 平台面积为 4700mm×2200mm (台阶不包括平台面积和花池面积, 需扣除, 计算过程换成米计算)。  图 4-12　室外台阶图 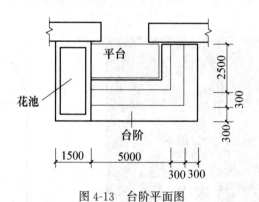 图 4-13　台阶平面图 【解】　台阶面层面积=台阶长×台阶宽-平台面积 $=(5+0.3+0.3)×(2.5+0.3+0.3)-4.7×2.2$ $=7.02(m^2)$
教师评价	

028

项目5　工作任务单

课题	任务5　平面直角坐标系				
班级		姓名		学号	
知识要点	数学平面直角坐标和测量坐标系组成，点的坐标，坐标中象限的规定，两点间水平距离计算，坐标增量计算。				
工作任务	掌握平面直角坐标确定方法，象限规定，两点间水平距离的计算，测量坐标中坐标增量和两点间距离的计算。题型有填空题、单选题、看图解答题、案例题。				
填空题	1. A、B 点在平面坐标系中，如图 5-1 所示，则，A 点的坐标为（　　　），B 点的坐标为（　　　），A 点到 x 轴的距离为（　　　），B 点到 y 轴的距离为（ 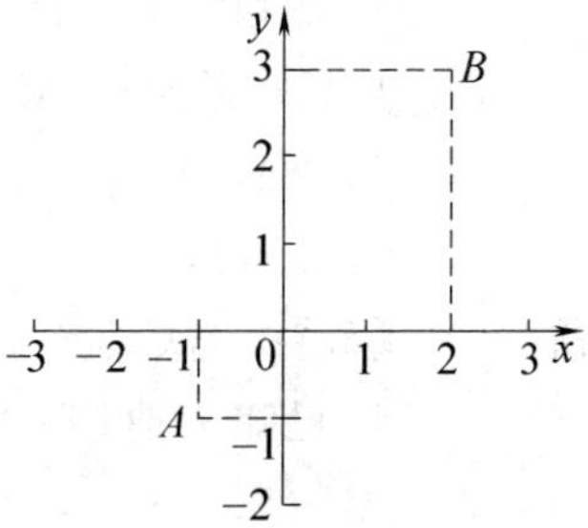　　　）。 【解】　根据点的坐标确定方法可得 　　A（-1，-1）　B（2，3）， 　　A 点到 x 轴的距离为（1） 　　B 点到 y 轴的距离为（2） 2. 已知 A（-3，2）、B（-3，-2）且 C 点在 B 点右侧，长方形 $ABCD$ 的边 $BC=6$，则 C 点坐标（　　　），D 点的坐标（　　　）。 【解】　C 点坐标（3，-2），D 点坐标（3，2） 3. 测量坐标系中，已知 A 点的坐标（100，80），B 点的坐标为（50，90）计算坐标增量 Δx（　　　）Δy（　　　）。 【解】　根据 $\Delta x = x_B - x_A = 50 - 100 = -50$ 　　　　　　$\Delta y = y_B - y_A = 90 - 80 = 10$ 4. 已知 A 点的坐标（10，30），B 点的坐标为（20，40），AB 两点水平距离为（　　　）。				

图 5-1

填空题	【解】 AB 两点水平距离 $D=\sqrt{(x_B-x_A)^2+(y_B-y_A)^2}$ $=\sqrt{(20-10)^2+(40-30)^2}$ ≈14.142
单选题	1. 在数学平面直角坐标系中，m 点的坐标（-3，4），m 到 x、y 轴的距离与 w 到 x、y 轴的距离相等，且 w 点在第四象限，则 w 的坐标为（ ）。 　A.（-3，-4）　　　　　　B.（3，4） 　C.（3，-4）　　　　　　D.（3，0） 【解】 选 C 2. 在数学平面直角坐标系中，点 P（2，3）向右平移 3 个单位长度后的坐标为（ ）。 　A.（3，6）　　B.（5，3）　　C.（1，6）　　D.（3，3） 【解】 向右移是 x 坐标增大，选 B 3. 在数学平面直角坐标系中，若点 m 在 x 轴的下方，y 轴的左方，且到每条坐标轴的距离都是 4，则点 m 的坐标为（ ）。 　A.（4，4）　　　　　　　B.（-4，4） 　C.（-4，-4）　　　　　D.（4，-4） 【解】 选 C 4. 已知 x 轴上的点 P 到 y 轴的距离为 5，则点 P 的坐标为（ ）。 　A.（5，0）　　　　　　　B.（0，5） 　C.（0，5）或（0，-5）　　D.（5，0）或（-5，0） 【解】 选 D 5. 在测量直角坐标系中横轴为（ ）。 　A. x 轴，向东为正　　　　B. y 轴，向东为正 　C. x 轴，向北为正　　　　D. y 轴，向北为正 【解】 选 B 6. 测量坐标系中 x 轴以（ ）方向为正方向。 　A. 东　　　　B. 西　　　　C. 南　　　　D. 北 【解】 选 D 7. 坐标增量是两点平面直角坐标之（ ）。 　A. 和　　　　B. 差　　　　C. 积　　　　D. 比 【解】 选 B

案例题	1. 在控制测量计算 x 坐标增量是需要用到公式 $\Delta x=D\times\cos\alpha$（$\Delta x$ 为坐标增量，D 为水平距离，α 为方位角）。一直线段 AB 水平距离为 156.356m，AB 的坐标方位角为 $64°12'03''$，使用计算器计算线段 AB 的 x 方向坐标增量 Δx。 【解】 $\Delta x=D\cos\alpha_{AB}$，$=156.356\times\cos64°12'03''\approx68.049$m 2. 已知测量坐标系中 A、B 两点的坐标 A（50，30）B（80，75），计算两点之间水平距离 D 和坐标增量 Δx 和 Δy？ 【解】 坐标增量计算 $$\Delta x=x_B-x_A=80-50=30（m）$$ $$\Delta y=y_B-y_A=75-30=45（m）$$ 两点间水平距离：AB 两点水平距离 $D=\sqrt{(x_B-x_A)^2+(y_B-y_A)^2}$ $$=\sqrt{(x_B-x_A)^2+(y_B-y_A)^2}=\sqrt{30^2+45^2}\approx54.083（m）$$ 3. 在测量坐标系中，已知某建筑平面为长方形 $abcd$，边长分别与坐标轴平行或垂直布置，各点坐标如图 5-2 所示。 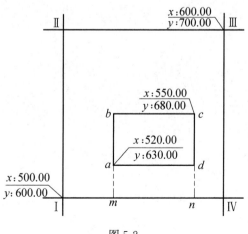 图 5-2

案例题	（1）计算建筑物的长度和宽度； （2）计算 a 点到 m 点距离 am； （3）计算Ⅰ点到 m 点距离Ⅰ$_m$。 【解】　建筑长度 ad 为 y 坐标差，宽度 ab 为 x 坐标差 （1）建筑物的长度为 $680-630=50$（m） 　建筑物宽度为 $550-520=30$（m） （2）am 的距离为：$520-500=20$（m） （3）Ⅰ$_m$ 的距离为：$630-600=30$（m）
教师 评价	

项目 6　工作任务单

课题	任务 6　线面的关系				
班级		姓名		学号	
知识 要点	1. 平面的基本性质； 2. 两条直线的位置关系； 3. 空间直线和平面的位置关系； 4. 平面与平面的位置关系的判定及性质。				
工作 任务	1. 能够掌握平面表示方法； 2. 能够掌握直线与直线的位置关系，直线与直线位置关系以及平面和平面的位置关系。				
填空题	（1）当以平行四边形表示平面时，应将平行四边形的锐角画成 ____ 度，横边长度是邻边的 _____ 倍。 （2）不在 _____ 的三个点可以确定一个平面。 （3）同一平面内两条不重合的直线，它们的位置关系有 _____ 和 _____。空间两条不重合的直线的位置关系有 _____、_____ 和 _____。 （4）在同一平面内垂直于同一直线的两条直线的关系 _____。在空间中垂直于同一条直线的两条直线的位置关系：_____。 （5）过直线外一点有 ____ 条直线与这条直线平行。 （6）两条平行直线之间的距离是指 _____。 （7）平面外一点 P 到这个平面 α 的距离是指 _____。 【解】 （1）45　2 （2）一条直线 （3）平行　相交　　平行　相交　异面 （4）平行　　平行、相交、异面 （5）1 （6）夹在两条平行直线间的公垂线段的长 （7）过点 P 做平面的垂线，点 P 和垂足之间的距离为该点到平面的距离				

1. 如何用两根绳子检验一个桌子的四条腿的下端是否在一个平面内?

【解】 用绳子分别连接对角两腿的底端，看看是否相交。若相交，则在一个平面内。否则不在一个平面内（根据：两根不平行的直线如相交，则它们比在同一个平面内）。

2. 过已知直线外一点与这条直线上的三点分别画三条直线，这三条直线是否在同一个平面内？说明理由。

【解】 是。平面外任何一点与直线上所有点连接都在同一平面内。

3. 两个平行平面之间的距离等于 10，一条直线与它们相交成 30°角，求直线夹在这两个平面之间的线段的长。

简答题

【解】 由图 6-1、图 6-2 可知，两个平面之间的距离等于 10，那么 $NQ=10$，$\angle NMQ=30°$，把 $\triangle MNQ$ 拿出来，由勾股定理可得，$MN=20$。

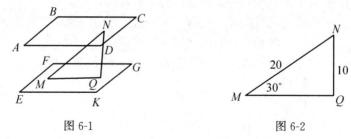

图 6-1   图 6-2

4. 如图 6-3 已知 $ABCD$ 是正方形，P 是平面 $ABCD$ 外一点，且 $PA=PC$，$PB=PD$，O 是 AC 与 BD 的交点，判断直线 PO 是否与平面 AC 垂直，为什么？

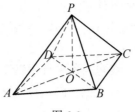

图 6-3

【解】 $PO\perp$ 平面 AC。

∵$ABCD$ 是正方形，且对角线 AC 与 BD 相交于点 O

∴点 O 是对角线 AC、BD 的中点

∵$PA=PC$，$PB=PD$

∴由等腰三角形的性质，可得 $PO\perp AC$，且 $PO\perp BD$

又 $AC\cap BD=O$，AC、BD 在平面 AC 中

∴$PO\perp$ 平面 AC

5. 如图 6-4 所示，△ACB 在平面 α 内，$\angle ACB=90°$，且 $PC\perp\alpha$ 于 C，那么 BC 与 PA 是否垂直？为什么？

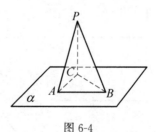

图 6-4

【解】 $BC\perp PA$。

∵$PC\perp\alpha$，△ABC 在平面 α 内

∴$PC\perp BC$

∵$\angle ACB=90°$

∴$AC\perp BC$

∵$PC\cap AC=C$，PC、AC 在平面 ACP 中

∴$BC\perp$ 平面 ACP

∵PA 在平面 ACP 中

∴$BC\perp PA$

简答题

根据给出的条件画出相应的图形

（1）已知线段 $AB/\!/CD$，两条线段之间的距离 20mm，请画出两条线段。

（2）一条直线与两条平行的直线相交并垂直。

（3）直线 a 在平面 β 内，点 A 在平面 β 外，过点 A 作直线 b 平行于直线 a。

（4）三个平面两两相交并垂直。

（5）有三条直线，它们平行且不共面，如果过其中两条直线作一个平面，一共可以做几个平面？画图说明。

（6）绘制轴网，横向定位轴线有四根，轴距为 3300mm；纵向定位轴线有 2 根，轴距为 5400mm。

作图题

【解】

（1）
```
A ──────────── B
          │
         20mm
          │
C ────────┴──── D
```

（2）

（3）
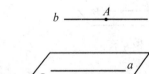

（4）

（5）三个

三条直线两两平行，这三条直线像三棱柱的三条侧棱。其中每两条直线可以确定一个平面，则可以确定三个平面。

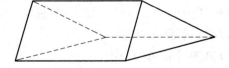

作图题	（6）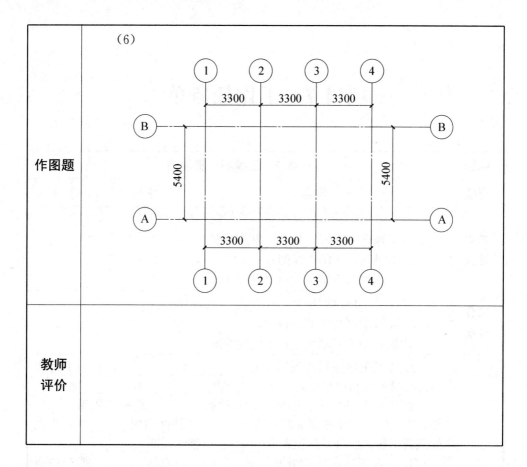
教师 评价	

项目 7　工作任务单

课题	任务 7　三视图和直观图				
班级		姓名		学号	

知识 要点	1. 正投影的特性：真实性，类似性，积聚性； 2. 三视图的组成，规则，画法步骤； 3. 常见几何体的三视图； 4. 空间图形直观图的斜二测画法。
工作 任务	1. 能够掌握投影特征； 2. 能够绘制物体的三视图； 3. 能够用斜二测画法绘制空间图形。
填空题	1. 工程上常采用的投影法是＿＿＿＿和＿＿＿＿，其中平行投影法按投射线与投影面是否垂直又分为＿＿＿＿和＿＿＿＿法。 2. 当直线平行于投影面时，其投影＿＿＿，这种性质叫＿＿＿性，当直线垂直于投影面时其投影＿＿＿这种性质叫＿＿＿性，当直线倾斜于投影面时，其投影为＿＿＿，这种性质叫＿＿＿。 3. 主视图所在的投影面称为＿＿＿＿，简称＿＿＿，俯视图所在的投影面称为＿＿＿＿，简称＿＿＿。左视图所在的投影面称＿＿＿＿简称＿＿＿。 4. 三视图的投影规律是：主视图与俯视图＿＿＿，主视图与左视图＿＿＿，俯视图与左视图＿＿＿＿。 5. 零件有长宽高三个方向的尺寸，主视图上只能反映零件的＿＿＿和＿＿＿，俯视图只能反映零件的＿＿＿和＿＿＿。左视图上只能反映参件的＿＿＿和＿＿＿。 解析： 1. 中心投影　平行投影　斜投影　正投影 2. 反应线段的实长　真实性 一点　积聚性 原图形的类似形　类似性 3. 正立投影面　正面　水平投影面　水平面　侧立投影面　侧面 4. 一样长　一样高　一样宽 5. 长和高　长和宽　高和宽

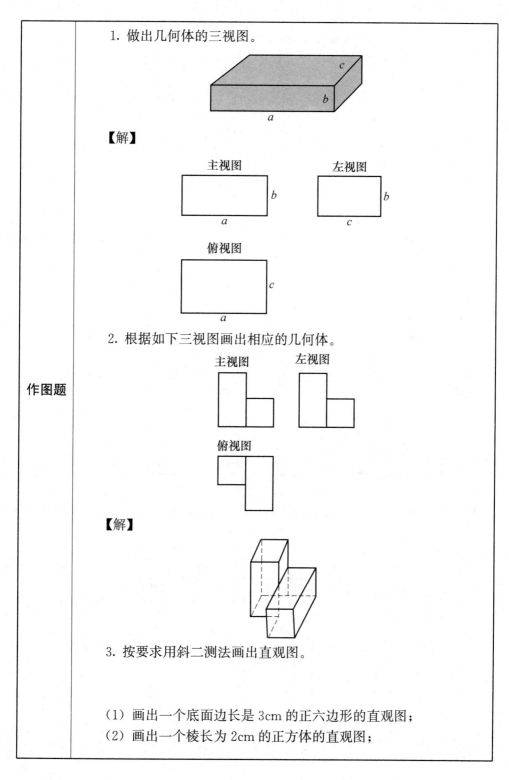

1. 做出几何体的三视图。

【解】

主视图

左视图

俯视图

2. 根据如下三视图画出相应的几何体。

主视图   左视图

俯视图

【解】

3. 按要求用斜二测法画出直观图。

（1）画出一个底面边长是 3cm 的正六边形的直观图；

（2）画出一个棱长为 2cm 的正方体的直观图；

作图题

（3）画出底面边长 4cm、高 3cm 的正三棱柱的直观图。

【解】

（1）

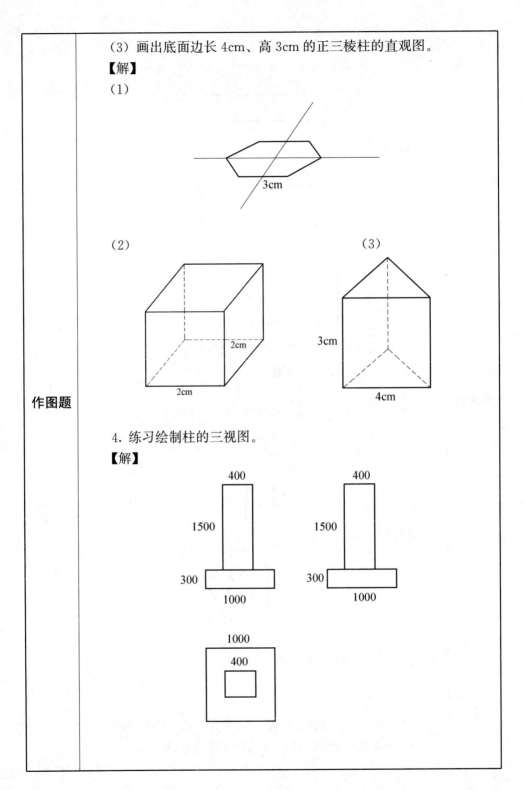

3cm

（2）

2cm

2cm

（3）

3cm

4cm

4. 练习绘制柱的三视图。

【解】

400

1500

300

1000

400

1500

300

1000

1000

400

作图题

作图题	5. 通过轨道交通扣件（零件）模型三视图中的立面图与平面图，给出侧面图中各个钻孔的直径。 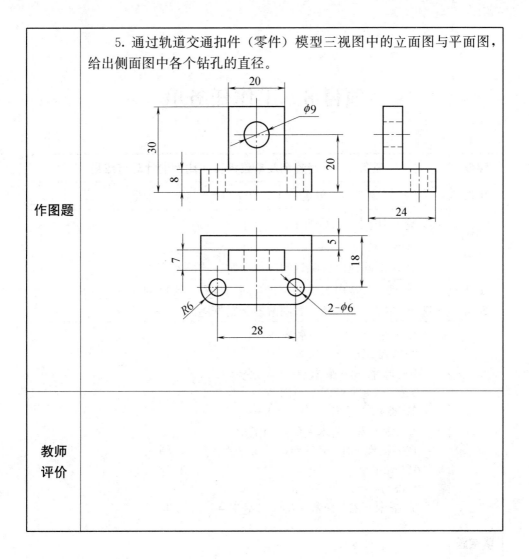
教师评价	

项目8 工作任务单

课题	任务8 常用量纲及单位换算、比例的计算与应用				
班级		姓名		学号	
知识要点	毫=10^{-3} 微=10^{-6} 千=10^{3} 兆=10^{6} 当比例同乘以或除以同一个数时，比例不变。				
工作任务	掌握____常用的量纲及相互间的换算、比例的计算与应用____，题型有填空题、单选题、看图解答和案例题。				
填空题	1. 3.5 米=(　　　)毫米 2005 毫米=(　　　)米 100 厘米−20 毫米=(　　　)毫米 5 米 60 毫米=(　　　)米 21 米+50 厘米=(　　　)米 3.1 米+200 毫米=(　　　)毫米 130 毫米+215 毫米=(　　　)毫米=(　　　)米 126mm =(　　　)m 1.684m =(　　　)mm 50 毫米+213 毫米=(　　　)毫米=(　　　)米 2. 2.4 分米^{2}=(　　　)厘米^{2} 2400 厘米^{2}=(　　　)米^{2} 130 米^{2}−2500 分米^{2}=(　　　)分米^{2} 50 厘米^{2}+3 米^{2}=(　　　)米^{2} 1.684MPa =＿＿＿＿Pa 0.8MPa =＿＿＿＿＿kPa 3. 2.07 升=(　　　)毫升 3.25 升=(　　　)厘米^{3} 4200 毫升=(　　　)分米^{3} 7650 升=(　　　)米^{3}				

填空题	30 升＝（　　）分米³＝（　　）厘米³ 1.2 米³＝（　　）分米³ ＝（　　）升 2.6 升－500 毫升＝（　　）升 4. 3.67 吨＝（　　）吨（　　）千克 5 千克 250 克＝（　　）千克 3500 千克＝（　　）吨（　　）千克 1 吨－250 千克＝（　　）千克 4000 千克－2000 千克＝（　　）吨 （　　）吨（　　）千克＝5.02 吨 5. 2.13°＝（　　）°（　　）′（　　）″ 5.21°＝（　　）°（　　）′（　　）″ 90°12′36″＝（　　）° 43′＝（　　）″ 4320″＝（　　）° 31°25′12″＝（　　）° 121°45′36″＝（　　）° 【解】1. 3500，2.005，980，5.06，21.5，3300，545，0.545，0.126，1684，263，0.263 2. 240，0.24，10500，3.005 1684000，800 3. 2070，3250，4.2，7.65，30，30000，1200，1200，2.1 4. 3，670，5.25，3，500，750，2，5，20 5. 2，7，48，5，12，36，90.21，2580，1.2，31.42，121.76

单选题	1. 同样大小图幅的 1∶500 与 1∶2000 两张地形图，其表示的实地面积之比是（　　）。
	
	  A. 1∶4 B. 1∶16 C. 4∶1 D. 16∶1
	
	【解】相同大小的图纸，比例尺分别为 1∶500 和 1∶2000，设图纸长宽均为 1，则实地长度分别为 500、2000，实地面积为 250000、4000000，所以面积比为 1∶16，故选 B。
	
	2. 地形图的比例尺是 1∶500，则地形图上 1mm 表示地面的实际的距离为（　　）。
	
	  A. 0.05m B. 0.5m C. 5m D. 50m
	
	【解】1mm 对应实际长度为 500mm，换算为米：0.5m，故选 B。
	
	3. 地图上 1cm 代表实地距离 3000km 的是（　　）。
	
	  A. 1∶300 B. 1∶3000 C. 1∶3000000 D. 1∶300000000
	
	【解】D

1. 甲地到乙地的实际距离是 240km，在一幅比例尺是 1：800000 的地图上，应画多少厘米。

【解】 $240\times10^5\times\dfrac{1}{800000}=\dfrac{240}{80}=30$cm

2. 在一张图纸上，用 30mm 的线段表示 12km，这张图纸的比例尺是多少？

【解】 $\dfrac{30}{12\times10^6}=\dfrac{1}{4\times10^5}=1：400000$

3. 在比例尺是 1：100 的图纸上，30mm 线段表示的实际距离是多少。

【解】 $30\div\dfrac{1}{100}=3000mm=3$m

4. 在一幅比例尺为 1：500 的平面图上量得一间长方形教室的长是 3cm，宽是 2cm。求这间教室的图上面积与实际面积。

【解】 实际长 $=3\times500=1500$cm$=15$m 实际宽 $=2\times500=1000$cm$=10$m

图上面积 $=3\times2=6$cm^2 实际面积 $=15\times10=150$m^2

5. 要建一个长 40m、宽 20m 的厂房，在比例尺是 1：500 的图纸上，长、宽要画多少厘米。

【解】 长画 $4000\times\dfrac{1}{500}=8$cm

宽画 $2000\times\dfrac{1}{500}=4$cm

6. 英华小学有一块长 120m、宽 80m 的长方形操场，画在比例尺为 1：4000 的平面图上，长和宽各应画多少毫米？

	【解】 图上距离＝实际距离×比例尺
图上长＝120×100×(1/4000)＝3cm 图上宽＝80×100×(1/4000)＝2cm

7. 在一幅比例尺是 1∶1000 的设计图上，量得一个正方形花园的边长是 4cm，这个花园的实际面积和周长分别是多少？

【解】 图上距离＝实际距离×比例尺 实际距离＝图上距离/比例尺 花园的实际边长＝4/(1/1000)＝4000cm＝4m
周长＝4×4＝16m 面积＝4×4＝16m^2

8. 若一张建筑施工图的比例是 1∶100，那么图上的 5mm 代表实际中多少毫米？

【解】 5×100＝500mm，实际是 500mm。

9. 若按比例 1∶50 绘制一张建筑施工图，实际中 100mm，图纸中应绘制成多少？

【解】 100/50＝2mm，图纸中应绘制成 2mm。

10. 某学生宿舍楼，开间为 3.6m，进深为 5.4m，按 1∶50 的比例绘制一张建筑施工图，则图纸中开间、进深应绘制成多少毫米？

【解】 开间：3600/50＝72mm；进深：5400/50＝108mm。

11. 设计配合比为 280∶670∶1200∶140，施工现场砂含水率 a＝5%，石子含水率 b＝2%，试换算施工配合比。
提示：湿砂质量＝干砂质量×(1＋含水率)
湿石子质量＝干石子质量×(1＋含水率)
取水量＝水－干砂×含水率－干石子×含水率 |

案例题（左侧栏）

案例题	【解】 水泥＝280kg， 湿砂＝670×1.05＝703.5kg， 湿石子＝1200×1.02＝1224kg， 取水量＝140－670×5％－1200×2％＝82.5kg， 施工配合比＝280∶703.5∶1224∶82.5＝1∶2.51∶4.37，水灰比＝140/280＝0.5。
看图 解答	（1）已知条件见图（单位 mm），首层室内地坪为±0.000，室内外高差 450mm，窗台高 900mm，首层层高 3600mm，窗的尺寸 1500mm×2000mm，要求标出室外地坪、窗台、窗口上皮的标高。 （2）若室内地坪处的绝对标高为 61.5m，说明这些部位的绝对标高分别是多少？ 【解】（1） 室外地坪标高：－0.450 窗台标高：0.900 窗口上皮标高：2.900 【解】（2）室外地坪绝对标高＝61.5－0.450＝61.050m 窗口绝对标高＝61.5＋0.9＝62.400m 窗口上皮绝对标高＝62.4＋2＝64.400m 二层楼面绝对标高＝61.5＋3.6＝65.100m

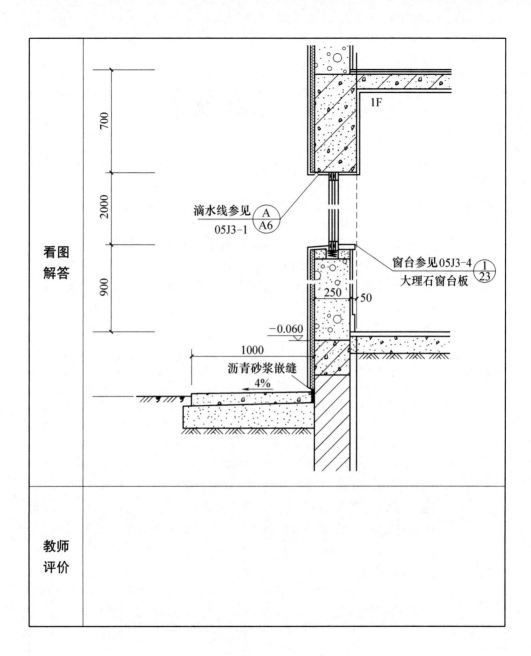

滴水线参见 A A6
05J3-1

1F

窗台参见05J3-4 1/23
大理石窗台板

250 50

700

2000

900

−0.060

1000

沥青砂浆嵌缝

4%

项目 9　工作任务单

课题	任务9　三角函数及坡度				
班级		姓名		学号	

知识要点	1. 锐角三角函数定义、同角三角函数的关系、特殊角的三角函数值、已知锐角三角函数值求角； 2. 坡度的定义、坡度的表示方法有百分比法、度数法、密位法和分数法四种。
工作任务	掌握三角函数及坡度，题型有填空题、看图解答和案例题。
案例题	1. 道岔型号的计算： 　道岔的型号为两条线路夹角的余切值，即 $N = \cot\alpha = FE/AE$，当 $\alpha = 4°45'49''$时，$N =$（12） 　当 $\alpha = 3°10'47.39''$时，$N =$（18） 　注：道岔号码 N 是代表道岔各部主要尺寸的，主要有 9、12、18 三种。通常用辙叉角 α（由岔心所形成的角）的余切来表示。α 角越小，N 越大，导曲线半径也越大，机车车辆.通过该道岔时就越平稳，允许过岔速度也就越高。 　2. 在测量放样中，已知 O（348.578，433.570），OP 放样距离为 68m，求 P 点坐标。

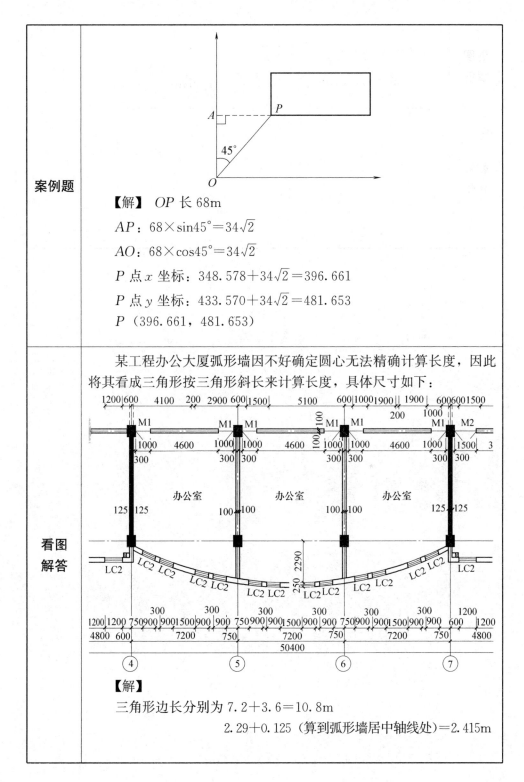

案例题	【解】 OP 长 68m AP：$68 \times \sin45° = 34\sqrt{2}$ AO：$68 \times \cos45° = 34\sqrt{2}$ P 点 x 坐标：$348.578 + 34\sqrt{2} = 396.661$ P 点 y 坐标：$433.570 + 34\sqrt{2} = 481.653$ P（396.661，481.653）
看图 解答	某工程办公大厦弧形墙因不好确定圆心无法精确计算长度，因此将其看成三角形按三角形斜长来计算长度，具体尺寸如下： 【解】 三角形边长分别为 7.2＋3.6＝10.8m 2.29＋0.125（算到弧形墙居中轴线处）＝2.415m

看图 解答	根据勾股定理 $c=\sqrt{a^2+b^2}$ 三角形斜长 $=\sqrt{10.8^2+2.415^2}=11.07\mathrm{m}$
教师 评价	

项目 10　工作任务单

课题	任务 10　面积的计算				
班级		姓名		学号	
知识 要点					
工作 任务	掌握　各种图形面积的计算，以及各种立方体全面积的计算　。				
案例题	**例1**　西班牙首都马德里的著名建筑"欧洲门"，右侧 REALIA 大厦正面为平行四边形，高 115m，假设底部长 80m，正面平行四边形面积是多少？ 简图： 				

【解】

$S = 80 \times 115 = 9200$（m²）

例2 图 10-6 是一个建筑工程的平面图，请根据图中所示尺寸计算建筑面积（墙厚 200mm）。

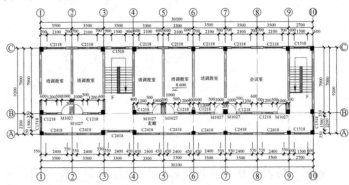

【解】

计算建筑面积就是计算一个长方形，长度为建筑水平方向外墙外皮之间距离，宽度为垂直方向外墙外皮之间的距离。

根据长方形面积＝长×宽

$S = (30.1 + 0.2) \times (9.2 + 0.2) = 284.82$（m²）

即建筑面积为 284.82m²。

例3 计算图中正方形区域面积

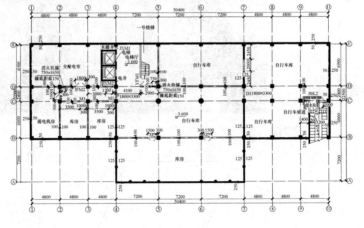

案例题

052

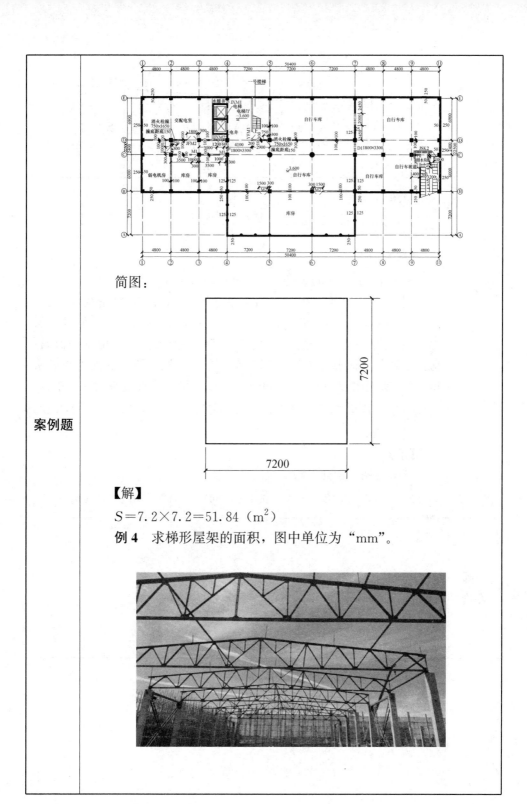

简图：

【解】

$S = 7.2 \times 7.2 = 51.84$（$m^2$）

例 4 求梯形屋架的面积，图中单位为"mm"。

案例题	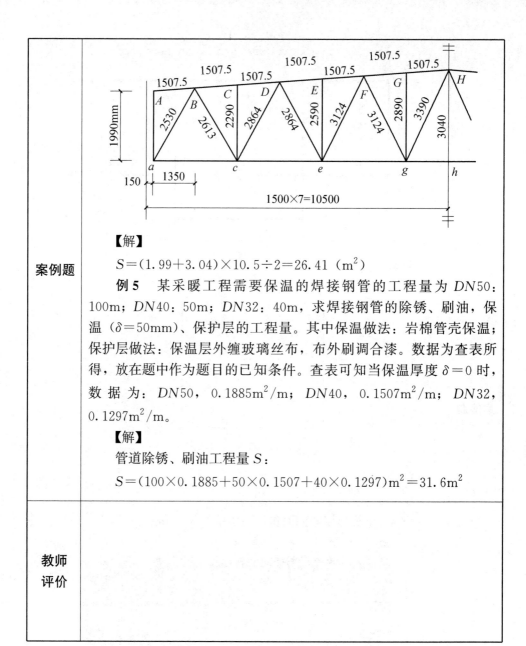 **【解】** $S=(1.99+3.04)\times10.5\div2=26.41$（$m^2$） **例5** 某采暖工程需要保温的焊接钢管的工程量为 $DN50$：100m；$DN40$：50m；$DN32$：40m，求焊接钢管的除锈、刷油，保温（$\delta=50$mm）、保护层的工程量。其中保温做法：岩棉管壳保温；保护层做法：保温层外缠玻璃丝布，布外刷调合漆。数据为查表所得，放在题中作为题目的已知条件。查表可知当保温厚度 $\delta=0$ 时，数据为：$DN50$，$0.1885m^2/m$；$DN40$，$0.1507m^2/m$；$DN32$，$0.1297m^2/m$。 **【解】** 管道除锈、刷油工程量 S： $S=(100\times0.1885+50\times0.1507+40\times0.1297)m^2=31.6m^2$
教师 评价	

项目 11　工作任务单

课题	任务 11　体积的计算				
班级		姓名		学号	

知识 要点	$V_{正四棱柱}=S_底\,h$　　$V_{正棱锥}=\dfrac{1}{3}S_底\,h$　　$V_{圆柱}=\pi r^2 h$ 正棱台体积：$V=\dfrac{1}{3}(S_上+S_下+\sqrt{S_上\,S_下}\,)h$ 圆台体积：$V=\dfrac{\pi}{3}(r^2+R^2+rR)h$ $V_球=\dfrac{4}{3}\pi R^3$　　　　　　$V_{球缺}=\dfrac{1}{3}\pi h^2(3R-h)$
工作 任务	掌握　体积计算公式以及计算和应用　　　　　，题型有填空题、单选题、判断题、看图解答题、案例题（根据需要）。
填空题	混凝土方桩桩尖是正四棱锥，假设桩尖边长是 0.6cm，高是 0.45cm，请计算正四棱锥体积（　　）。 【解】 $$V_{正棱锥}=\dfrac{1}{3}S_底\,h$$ $$V=\dfrac{1}{3}\times0.6\times0.6\times0.45=0.054\text{m}^3$$
判断题	长方体是直四棱柱，直四棱柱是长方体。 【解】　错误，长方体是直四棱柱，直四棱柱不一定是长方体。

案例题	需要保温的焊接钢管的工程量为 $DN50$：100m；$DN40$：50m；$DN32$：40m，求焊接钢管的，保温（$\delta=50$mm）的工程量。其中保温做法：岩棉管壳保温。 保温厚度 $\delta=50$mm 保温体积的数据为：$DN50$，0.0181m³/m；$DN40$，0.0160m³/m；$DN32$，0.0151m³/m。 【解】 岩棉管壳保温工程量 $V=100\times0.0181+50\times0.0160+40\times0.0151=3.21$m³
看图解答	1. 假设图中砖墙长 25m，高 1.5m，宽 0.24m，请问体积是多少？ $\underset{240砖墙\ 平面图}{}$ $\underset{240砖墙\ 侧面图}{}$ 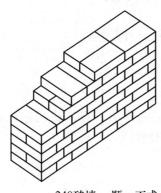 240砖墙 一顺一丁式 【解】砖墙为长方体，其体积 $=25\times0.24\times1.5=9$（m³） 2. 四棱台形的独立基础，具体尺寸见图纸，请计算四棱台的体积。h_2 为 200mm。

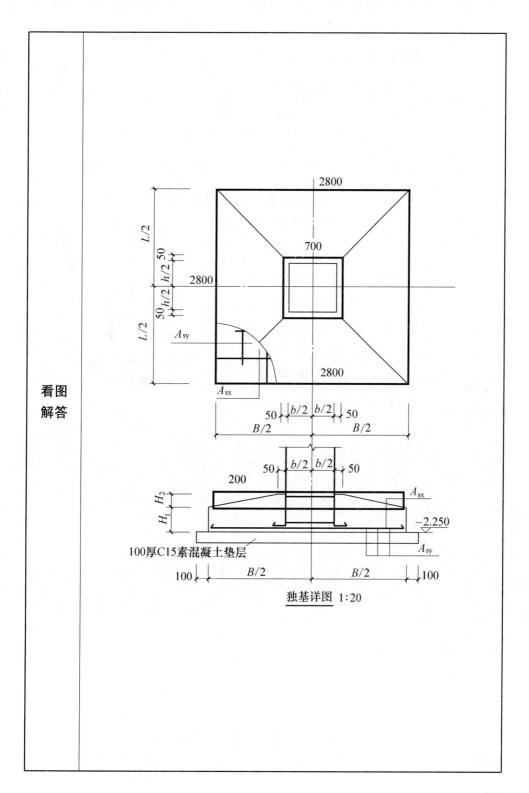

独基详图 1:20

【解】 $V=\frac{1}{3}(S_上+S_下+\sqrt{S_上 S_下})h$

$S_上=0.7\times0.7=0.49m^2$

$S_下=2.8\times2.8=7.84m^2$

$h=0.2m$

$\therefore V=\frac{1}{3}\times(0.49+7.84+\sqrt{0.49\times7.84})\times0.2=0.686m^3$

3. 下图基坑，上底边长 2.4m，下底边长 2m，高 2.1m

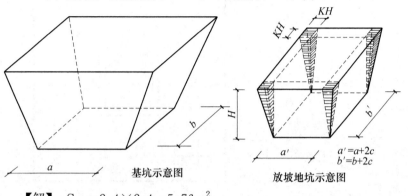

基坑示意图　　　　　　放坡地坑示意图

【解】 $S_上=2.4\times2.4=5.76m^2$

$S_下=2\times2=4m^2$

$V=\frac{1}{3}(S_上+S_下+\sqrt{S_上 S_下})h$

$=\frac{1}{3}\times(5.76+4+\sqrt{5.76\times4})\times2.1=10.19（m^3）$

看图
解答

4. 这是某大桥下的圆形地坑，请计算基坑体积。

已知：$r=1.6\text{m}$，$KH=0.6\text{m}$，$H=2.1\text{m}$

 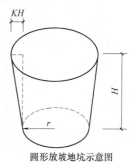

圆形放坡地坑示意图

【解】 基坑为圆台形 $R=r+KH=1.6+0.6=2.2$（m）

圆台体积 $V=\dfrac{\pi}{3}(r^2+R^2+rR)h$

$$=\dfrac{3.14}{3}(1.6^2+2.2^2+1.6\times2.2)\times2.1=24(\text{m}^3)$$

即基坑的体积约为 24m^3。

5. 已知圆柱的底面半径为 1.2m，高为 3m，求圆柱的体积（精确到 0.01）。

【解】根据 $V=\pi r^2 h$

$V=3.142\times2^2\times4=50.27$（m^2）

即圆柱的体积是 50.27m^2。

6. 桩基底可视为球缺，球缺部分 $h=0.2\text{m}$，$R=2.6\text{m}$。

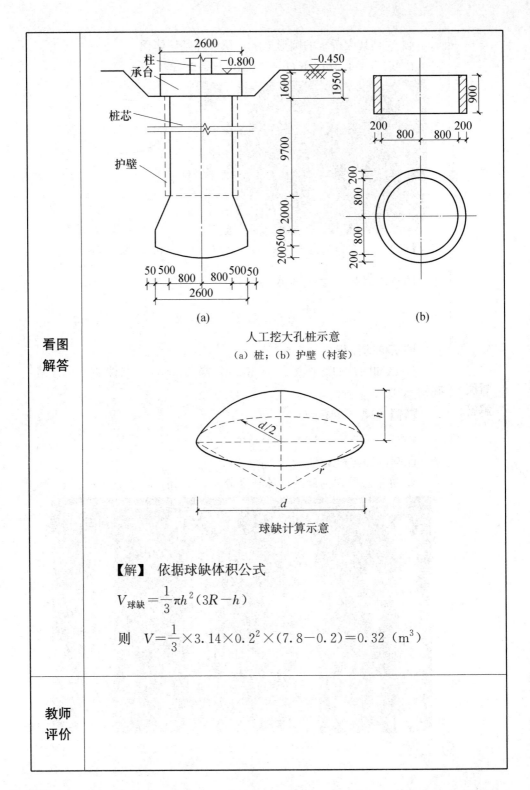

人工挖大孔桩示意

(a) 桩；(b) 护壁（衬套）

球缺计算示意

【解】 依据球缺体积公式

$$V_{球缺}=\frac{1}{3}\pi h^2(3R-h)$$

则 $V=\frac{1}{3}\times 3.14\times 0.2^2\times(7.8-0.2)=0.32$（m³）